JN260818

貿易・開発と環境問題

―国際環境政策の焦点―

青木　健

馬田啓一

編著

文眞堂

はしがき

　経済と環境の両立の必要性は言うまでもない。グローバル化が進む中で、いまや環境問題は地球的規模に広がり、地球温暖化、人口増加、感染症、さらに廃棄物処理などの問題が、貿易や開発のあり方、社会経済システムにも係わる国際的な政策課題となっている。環境に配慮した社会経済システムや貿易ルール、企業行動とはいかなるものか。環境を保全しつつ、持続的な成長・発展を実現するための様々な取り組みが求められており、もはや開発途上国もその例外ではない。環境への対応は経済の持続的な発展の条件といえる。

　二律背反の関係にある経済と環境の間で、どのようにバランスをとっていくのか、われわれは困難な選択を迫られている。本書は、こうした問題意識にもとづき、貿易・開発と環境問題を中心に、グローバルな視点から国際環境政策の主要な課題に焦点を当て、学際的な共同研究を試みたものである。

　3部12章から構成される本書の内容は以下のとおりである。

　第1部は、経済開発と環境の問題を取り上げている。第1章は、グローバリゼーションが加速する中で、経済と環境を両立させるためのグローバル・ガバナンスの基本的な枠組みについて論じている。第2章は、持続的成長性について検討し、持続可能な世界の実現には成長神話を捨てて定常経済を受け容れ、世代間と地域間の公平の2つを満たさなければならないと論じている。第3章は、人類生態学的な視点から人口増加と地球環境の関係を取り上げ、環境収容力と環境抵抗の概念を踏まえた社会経済システムのあり方を模索すべきだとしている。第4章は、その持続可能性について地球温暖化防止を対象として、環境と開発の考え方、国際環境政策のあり方について基本的な考察を行っている。第5章は、地球温暖化問題についてより具体的に検討し、2013年以降のポスト京都議定書の枠組みをめぐる動きとその問題点、日本の課題を展望している。

第2部は，貿易と環境の問題を取り上げている。第6章は，WTOにおける貿易と食の安全性の問題を取り上げ，予防的アプローチをめぐる対立に焦点を当てながら，貿易ルールの新たな課題について考察している。第7章は，GATT第20条をめぐる貿易紛争を事例として取り上げ，環境保護のための貿易制限政策の妥当性に関する経済分析を試みている。第8章は，途上国におけるHIV/AIDS治療へのアクセス問題を取り上げ，WTOにおける知的財産権保護（TRIPS協定）と公衆衛生に関する対応について，その現状と課題を明らかにしている。

　第3部は，環境と資源循環の問題を取り上げている。第9章は，廃棄物処理の経済学的側面を考察し，不法投棄・不適正処理および最終処分場の問題を取り上げ，また，資源循環の貿易に伴う環境汚染の問題にも言及している。第10章は，アジア太平洋を中心に主要な再生資源（廃プラスチック，古紙，鉄鋼・銅・アルミなどの各スクラップ）のリサイクル貿易の流れを解明している。第11章は，深刻な環境汚染に直面する中国・青島市を事例に取り上げ，循環経済の実現に向けた取り組みについて考察している。第12章は，企業の環境問題への取り組みについて取り上げ，企業の環境責任，環境経営の実践手法，環境ビジネスの新たな動きなどについて考察している。

　以上のように，本書は，貿易・開発と環境問題を中心に，国際環境政策の焦眉の課題を取り上げ，その現状と問題点，今後の展望を明らかにしようとしたものである。国際環境政策のあり方を考える上で，本書がいささかなりとも寄与することができれば幸いである。

　最後に，本書の刊行を快諾し，編集の労をとられた文眞堂の前野弘氏と前野隆氏に，執筆者一同心から感謝しお礼を申し上げる次第である。

平成20年6月

編著者

目　　次

はしがき

第1部　経済開発と環境

第1章　環境問題とグローバリゼーション …………（菅原　秀幸）… 3
　第1節　環境問題解決における主流経済学の限界 ……………………… 3
　第2節　交錯するグローバリゼーション論争 …………………………… 12
　第3節　環境問題解決のための価値判断と基本的枠組み ……………… 20

第2章　'持続可能な世界'と定常経済の倫理 ………（吉竹　広次）… 28
　第1節　「持続可能性」とは ……………………………………………… 28
　第2節　'持続可能な世界'の経済学的定式化 …………………………… 31
　第3節　「分配的正義の理論」 …………………………………………… 35
　第4節　定常経済の倫理 …………………………………………………… 36

第3章　環境と人口問題 ……………………………（高坂　宏一）… 42
　第1節　人口と環境 ………………………………………………………… 43
　第2節　人口問題の諸相 …………………………………………………… 47
　第3節　むすび ……………………………………………………………… 52

第4章　経済発展と環境政策 ………………………（小野田欣也）… 55
　第1節　環境と開発の考え方 ……………………………………………… 55
　第2節　地球温暖化の国際環境政策 ……………………………………… 59

第5章　地球温暖化問題とポスト京都議定書 ………（馬田　啓一）… 64

第1節　地球温暖化の科学的知見 …………………………………… 64
第2節　京都議定書の意義と問題点 ………………………………… 66
第3節　ポスト京都議定書をめぐる動き …………………………… 68
第4節　日本の今後の対応 …………………………………………… 72

第2部　貿易と環境

第6章　WTOと環境問題 ……………………………（馬田　啓一）… 79
　　　　―予防的アプローチをめぐる対立―

第1節　WTO協定とMEAsの整合性 ……………………………… 80
第2節　予防原則の意義と問題点 …………………………………… 81
第3節　ホルモン牛肉紛争の争点 …………………………………… 82
第4節　遺伝子組み換え食品の安全性 ……………………………… 83
第5節　環境ラベリングと非関税障壁 ……………………………… 84
第6節　「食の安全」をめぐる議論の方向性 ……………………… 86

第7章　自由貿易と環境保護 ………………………（佐竹　正夫）… 88
　　　　―GATT20条をめぐる貿易紛争の経済分析―

第1節　GATT20条(b)と(g)をめぐる貿易紛争 …………………… 89
第2節　環境保護と貿易政策 ………………………………………… 92
第3節　タイのタバコの輸入制限と内国税 ………………………… 93
第4節　カナダの未加工サケ・ニシンの輸出制限 ………………… 97
第5節　おわりに ……………………………………………………… 102

第8章　WTOと発展途上国におけるHIV/AIDS治療
　　　　へのアクセス …………………………………（北島　勉）…105

第1節　HIV/AIDSの現状 ………………………………………… 106
第2節　WTOとHAARTの普及 ………………………………… 109

第3節　抗HIV薬へのアクセスを確保するために ……………………119

第3部　環境と資源循環

第9章　廃棄物処理の経済学的側面 ……………（斉藤　崇）…127
　第1節　廃棄物処理の現状 …………………………………………128
　第2節　適正処理と発生抑制 ………………………………………134
　第3節　国際資源循環 ………………………………………………139
　第4節　おわりに ……………………………………………………142

第10章　再生資源の世界貿易 ………………………（青木　健）…144
　第1節　廃棄物の回収と再資源化率 ………………………………145
　第2節　太平洋を巡るリサイクル貿易 ……………………………152
　第3節　リサイクル網としての太平洋貿易 ………………………160

第11章　環境と中国の循環経済政策 ………………（青　正澄）…182
　第1節　中国の環境政策の動向 ……………………………………183
　第2節　青島市の現状 ………………………………………………185
　第3節　循環経済の実現に向けた取組〔廃棄物問題〕……………190
　第4節　循環経済の実現に向けた取組の必要性 …………………198

第12章　環境と企業行動 ……………………………（木村　有里）…202
　第1節　環境経営の推進 ……………………………………………204
　第2節　環境経営の実践手法 ………………………………………208
　第3節　環境ビジネスの創生と発展 ………………………………212
　第4節　多国籍企業と環境問題 ……………………………………216
　第5節　企業とステイクホルダーの環境責任 ……………………219

索引 ………………………………………………………………………222

第 1 部

経済開発と環境

第1章

環境問題とグローバリゼーション

　「環境と経済は両立可能であろうか？」今日のわれわれは，この非常に厄介な問いに直面している。グローバリゼーション推進派の答えはイエスであり，反対派の答えはノーである。いまや，この問題はこれ以上先送りできない状況にあり，具体的な処方箋にもとづいて行動を起こす必要に迫られている。

　グローバリゼーションが加速する現在，この問題に対して地球規模での対策が急がれる。本章の目的は，まさにこの対策を探求し，解決のための基本的な枠組みを提示することにある。現在の新自由主義的グローバリゼーションには限界があり，より公平・公正で民主的なグローバル・ガバナンスの枠組みの上にグローバリゼーションを進めていく必要性を指摘する。

第1節　環境問題解決における主流経済学の限界

1．グローバリゼーション下の環境問題の特徴

　われわれ人類の経済活動が，かつてない規模で環境破壊を引き起こし続けている。地球の気温は明らかに上昇傾向にある。世界中で森林面積は縮小し続けている。生物種の絶滅は，6500万年前の恐竜の絶滅以来なかったペースで急速に進んでいる。地下水位も世界各地で低下を続け，水不足が深刻化している。オゾン層の破壊や海洋汚染もますます進む一方である。こうして，グローバリゼーションによって牽引される世界経済は，地球の生態系を極限まで圧迫するようになっている。

　このような現実に対して，われわれ人類はいまだ有効な手立てを打てずにいる。大気，河川，海洋や貿易を通じて越境する環境問題に対して，一国の政府

では有効に対処し得ない。そこで国家の枠組みを超えて解決に取り組まなければならないにもかかわらず，国際的な環境管理体制は脆弱であり，国際的な条約や機関は拘束力が弱く十分に機能しているとはいえない。各国政府がWTOやIMFというような国際機関にますます大きな権力を与えるようになる中で，これらの機関は依然として環境問題を後回しにしがちである。

こうして経済成長を優先させ，地球環境をぎりぎりのところまで酷使し続けてきた結果，その限界が迫っている，あるいは限界を超えてしまったという不安を多くの人々が抱くようになっている。もはやこれまでのようなグローバリゼーションは持続不可能であり，持続可能な方向へと転換を図ろうとする主張や動きが顕著になってきている。

地球上の人口増加がきわめて緩やかに推移し，人間の活動範囲と活動規模がかなり限られていた状況では，自然環境には再生可能な能力が備わっており，自然はほぼ無限であると考えて差し支えなかった。しかし，わずか半世紀ほどの間に状況は一変した。人口の爆発的増加と人間活動の地球的規模への拡大が起こっている。こうしてわれわれ人類は，これまでの歴史でかつて一度も経験したことのない時代に入った。そして，この時代を牽引しているのが，グローバリゼーションである。

このようにグローバリゼーションの進む下では，現在の多くの環境問題は直接，間接に国境を越えて相互に関係しあっている。原因が他国にある場合や，影響が他国におよぶ場合が多々ある。南の島国が海面上昇によって水没の危機に直前している原因は，ほとんどが先進国にある。酸性雨は，国境を越えて他国に被害を及ぼす。砂漠化は特に途上国で深刻であり，自国の力ではいかんともしがたく，対策には先進国の協力が不可欠である。

以上のように，ほとんどの環境問題は国境を越えて何らかの形で関係しており，その意味で，ほとんどの環境問題は地球環境問題といえる。したがって，解決には国境を越えた取組みが不可欠である。

環境破壊が最も顕著な形で現れているのは，途上国においてであろう。それは先進国における経済成長の負の部分が，しわ寄せとしておよんでいる結果がほとんどであると考えられる。途上国の環境問題の背景には，先進国の直接的，間接的な影響がある。例えば，先進国による途上国からの天然資源の大量

輸入が，途上国の環境破壊を引き起こしているケースはこれまで数々指摘されてきた。木材貿易のための森林の伐採，エビの養殖のためのマングローブ伐採，鉱石採掘のための山地の乱開発などは，その典型である。また先進国企業が途上国で事業展開する際に，途上国の低い環境基準に合わせて環境破壊を続けるといったことも問題視されてきた。

これらの問題では，先進国の経済活動に原因があっても，途上国政府が対策をとらなければならない。しかし，途上国政府には能力と意思が十分ではないために適切な対策が講じられるとは限らず，先進国からのアプローチも求められている。

途上国における環境問題の最大の特徴は，環境問題と貧困問題とが密接不可分に一組となっている点にある。つまり両者の間には悪循環のメカニズムが存在しており，貧困は環境破壊の原因であると同時に結果にもなっている。貧困であるがゆえに，その日一日の暮らしのために，自然のもつ再生可能なレベルを超えて収奪的に利用することになる。結果として，より一層の環境破壊をもたらし，自然からの恵みを享受することを困難にする。そして，さらに貧困に拍車がかかる。そのために一層，自然環境を収奪的に利用する。そして環境破壊がますます進む。この悪循環のメカニズムは容易に断ち難く，途上国では環境破壊と貧困は密接に関係し，どちらか一方だけを取り上げることは不可能になっている。

途上国における環境問題と貧困問題の両者をいかにして解決するかは，21世紀の世界が直面する最大の課題といえるであろう。限られた自然環境という制約の下で，環境破壊を進めることなく，貧困問題をどのように解決していくのかというきわめて困難な課題にぶつかっている。

主流経済学においては，貧困問題解決への処方箋は明確に描かれている。つまり経済成長こそが，貧困問題を解決する最良の薬である。確かに東アジア諸国では成長の結果として，急速な貧困率の低下がみられ，貧困削減という観点からは，経済成長が不可欠である。しかし問題は，経済成長によってもたらされる地球環境への影響が著しく大きくなり，地球の限界を超えてしまうのではないかという点にある。有限な地球環境という制約の下で，貧困の削減に必要な経済成長をいかに実現していくかが問われている。

また環境問題の解決に対しても，主流経済学は明確な処方箋を出している。つまり貧困問題同様，経済成長こそが最良の薬であるとする。この主張の理論的根拠は，環境クズネッツ曲線にある[1]。第1-1図に示すように，所得の増加と環境劣化との間に，逆U字型の相関関係が示される。つまり，人々は経済成長によって豊かになるならば，環境への意識が高まると共に，環境の回復や浄化により多くの財源を充てることが出来るようになる。

しかし，これにも限界がある。経済成長の過程で生じてしまう回復不可能な環境破壊，天然資源の枯渇，生物多様性の喪失は，その後の成長によっても再生させることは不可能であろう。

経済成長とは，例えていうならば，パイを大きくしていくこと。主流経済学は，このパイをいかに効率的に最も大きくすることができるかを追求してきた。パイを大きくすることで，すべての問題は解決されていくと考えるのである。グローバリゼーションとは，地球大でのパイの最大化の追及に他ならない。しかしこれに異を唱える人々の主張は，パイはすでに十分に大きくなっており，問題はその分け方をより公平なものへと変えることであるという。パイはすでに地球の限界を超えて大きくなったため，これ以上大きくすることは不

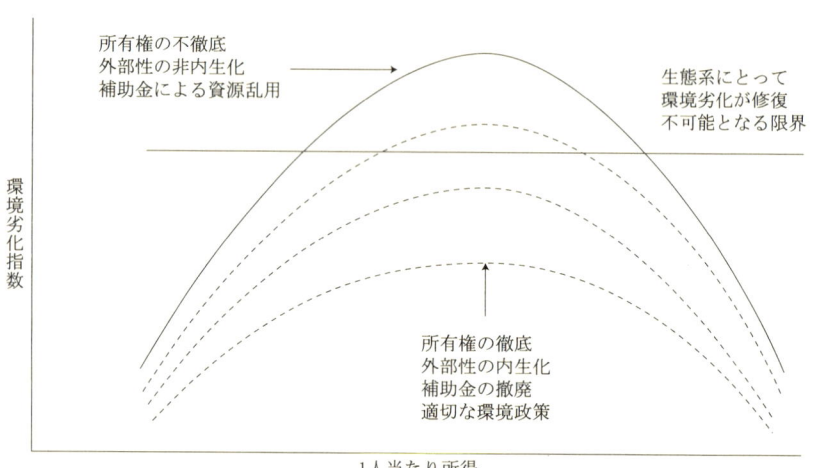

第1-1図　環境クズネッツ曲線；所得レベルと環境劣化そして政策との関連

所有権の不徹底
外部性の非内生化
補助金による資源乱用

生態系にとって
環境劣化が修復
不可能となる限界

環境劣化指数

所有権の徹底
外部性の内生化
補助金の撤廃
適切な環境政策

1人当たり所得

（資料）　Asian Development Bank（1997）

可能であり，パイの分け方を変えると問題は解決できると主張する。一部の富める人たちがパイの大部分を所有しており，グローバリゼーションの恩恵が，一部の人たちに偏ってもたらされていることを非難している。

　つまり，一方の関心はパイを大きくする方法にあり，もう一方の関心はパイの分け方にある。このように論点がまったく異なっているので，議論がかみ合わないのも当然であろう。さらに現在のグローバリゼーションは，新自由主義という特定のイディオロギーによって後押しされているので，その是非をめぐっては議論の余地はなく，何が何でも善であり，実現すべき世界像なのである。科学は自らの限界を認めているが，イディオロギーに限界は存在しない。

　イディオロギーとは，特定の集団が真理として受容している理念であり，広く共有された観念，パターン化された信念，指針となる規範や価値から成り立っている。これによって，イディオロギーは個人に一貫性のある一つの世界像を提示する。この世界像は，あるべき姿としての理想の世界を示す。新自由主義をイディオロギーとして信奉する人たちは，自分たちにとって好ましい規範や価値を，グローバリゼーションという形をとって世界中に広めていこうとしている。

2．主流経済学の3つの限界

　今日の主流をなしている経済学は，新古典派経済学であり，その中でも最も市場を信奉する人たちが新自由主義を掲げている。そして，この新自由主義が現在のグローバリゼーションの駆動力となっている。そこで示される環境問題への処方箋は明快である。つまり，市場メカニズムと経済成長による解決である。

　しかし，この新自由主義が依拠する現在の主流経済学には，もともと3つの限界があるために，環境問題を根本から解決することは不可能である。つまり，(1) 無限の自然という仮定，(2) 完全な市場という仮定，(3) 西洋的普遍主義の信奉という3つである。

　以下で，それぞれについて検討していこう。

(1) 劣化しない無限の自然

　伝統的な主流経済学の致命的な欠点は，自然を無限と仮定し経済理論の外においてきたことである。生態系の劣化を考慮に入れず，生態系がわれわれ人類

にもたらしてくれる多様な恵みを無限と考え，それに価値を与えずにきた[2]。

人類の歴史をみると，長らく世界の人口増加にはそれほど大きな変化はなく，急激な増加に見舞われたのはごく最近の数十年のことに過ぎない。人口が少なく，人間の活動範囲と規模が限られていた状況では，自然のもつ再生可能な範囲内で人間の経済活動が行なわれていたため，自然の働きを無限と考えてなんら差し支えなかった。無限の自然を仮定することで，経済学は自然に関わる問題を回避することが出来たのである。

もともと近代経済学の祖といわれるアダム・スミスは，有限な自然を出発点とし，労働の質を考えていた。しかし，その後のリカード以降の経済学では，労働や商品の質を問わないことで，その分析対象をすべて数字と数式に置きかえて議論を進めるようになった。これによって抽象的な市場という空間の中で，すべての経済活動を均質的な量に還元してとらえることを可能とした。それゆえに経済学は科学としての装いを整える大きな一歩を踏み出せた[3]。こうして自然，労働，商品の質を論じることのなくなった経済学は，同時にそれらの質の劣化を扱うこともしなくなり，劣化しない無限の自然を仮定として理論の構築を進めてきたのである。

そして，現在の主流経済学では経済成長を主たる関心事としてとり上げる中で，経済はいつまで成長するのか，どこまで成長するのかといった時間的限界や量的限界について論じることはない。しかし，いかなるものの成長も必ずどこかで止まり，はてしなく成長を続けるものなど存在していないということは，自然界の摂理である。はたして人間の営みである経済成長だけが，その例外と考えることは出来るのであろうか。「持続可能な成長」という表現が使われるが，常識的に考えるならば，この表現には矛盾が含まれており誤った表現といえる。なぜならば，成長は必ずどこかで止まるのであるから，いつまでも持続可能ということはあり得ないであろう。

以上みてきたように，劣化しない無限の自然を仮定し，果てしない経済成長を万能薬とする主流経済学は，自然の有限性を否応なしに認識させられる今日，明らかに現実から乖離し，現実妥当性を失っている。無限の自然を仮定する市場経済は，資源と環境の保全を自動的に保証する仕組みを，もともと内蔵していないのだから，環境問題に対して適切な処方箋は出し得ないのである。

科学的経済学者は現実の経済にはまったく無力であるにもかかわらず，経済学は政治論争を支配しようとし，その一方で他の科学分野の批判を受けようとはしない。オルメロッドは，このような経済学者を「裸の王様」とよんで批判している[4]。

ボールディングは，開かれたシステムの中で生活しているという暗黙の前提が許されていた「カウボーイ経済」の時代が終わり，閉じられたシステムの中で生活しているという意識をもたなければならない「宇宙人の経済」の時代が到来していると，すでに40年ほども前に述べている[5]。開かれたシステムとは無限の自然であり，閉じられたシステムとは有限の自然を意味し，私達は後者の中で生きている。

(2) 完全な市場

アダム・スミスの唱えた「見えざる手」が完全に機能するならば，市場はおのずと最も効率の良い結果をもたらすとされている。この市場を中心とする競争均衡モデルは，確かに理論的には成立する。しかし問題は，いくつもの条件を満たしたときにのみという制約がつくということである。市場が効率的に働くのはすべての前提条件が満たされたときだけなのである。しかし現実の世界では，情報は不完全であり，競争も不完全であり，条件がすべて満たされることなど，夢物語でしかない。完全な市場は，現実世界には存在しない。

例えば，公正な競争の世界では農産品に比較優位をもつと考えられる途上国も，欧米諸国の100％を越える補助金漬けの農産品には，とうてい太刀打ちできない。米国は，綿花の輸出において郡を抜いて世界第一位であっても，それは本来の比較優位によるものではなく，巨額の補助金の成果である[6]。先進国は途上国の関税引き下げを強く要求する一方で，自らは途上国の工業化意欲を挫くように傾斜関税をかけている。ほとんどが先進国を出自とする多国籍企業は，世界貿易の約3分の2にかかわっており，それらは多国籍企業内貿易か多国籍企業間貿易という形をとっている。本来の市場で取引されている貿易は，残りの3分の1にすぎない。

このように現実の世界で行なわれている貿易の実態に目を向けるとき，自由貿易は確かに魅力的な制度ではあるものの，現実は自由貿易の名を語った先進国主導の先進国を富ませるための不自由貿易であるといって差し支えないであ

ろう。

　完全な市場を現実に適用させようとする新自由主義的政策は誤りである。完全な市場など，これまでどこにもなく，これからも，どうやってもどこにも出現しない。これまでの経済学では，すでに市場の失敗については十分に議論されてきており，そのために政府介入の必要性も認められている。ところが，これを無視する現在主流となっている新自由主義的経済学は，明らかに大きな欠陥をもっている。それによって推し進められてきた新自由主義的グローバリゼーションも，偏った結果をもたらしている。

　経済学は科学としての装いを整えようとしてきたものの，いまだ確立された学問ではないので，その時々で大な振れがあり，それがその時代の流行を生み出してきた。端的にいうならば，効率重視の価値規範と公平・公正重視の価値規範という両端の間で，振れてきたのである[7]。現在の経済学の流れは，市場重視のほうに大きく過度に振れている。こうして，われわれの議論も時代の支配的価値判断から，いやおうなく影響を受けてしまう。

(3) 西洋的普遍主義信奉

　西洋的思考の特徴は普遍主義にある。すなわち，人類に共通の普遍性を求める姿勢である。近代科学もやはり西洋を発祥の地としているので，普遍的な真理の探究を目的としてきた。それゆえ科学を標榜する現代経済学も，常に普遍性を追及し唯一の解を求めてきたといえる。

　現在ワシントン・コンセンサス政策に具現化されている新自由主義も，西洋的普遍主義の典型である。そこでの普遍的な真理とは，「市場メカニズムによる経済成長」である。コンセンサスと表現することは，あたかも，すべての経済学者，政策担当者，政治家によって合意され，共有されている経済成長のための唯一の処方箋であるということを意味させようとしている[8]。つまり，このワシントン・コンセンサスという処方箋以外には，世界中の人々を豊かにする方法はないというのが，現在の新自由主義の主張である。新自由主義的グローバリゼーションこそが，不可避の後戻りできない唯一の普遍的な道であるという主張が，イディオロギーとして繰り返し，繰り返しさけばれてきた。

　ワシントン・コンセンサスを信奉し新自由主義を掲げる人たちには，何を言っても無駄である。いかなる問題を取り上げても，すべてはグローバリゼー

ションで解決されるというのが，その答えだからである。このままグローバリゼーションを進めると，環境破壊がますます深刻化すると指摘するならば，それは，まだまだグローバリゼーションの進め方が不十分だからであり，さらに進めるならば，その問題は解決されるという答えが返ってくる。科学の科学たるゆえんは，自らその限界を認めていることにあるが，イディオロギーには限界がなく，新自由主義的グローバリゼーションにも限界はないのである。

人類に共通の普遍性を求める立場は，ともすれば西洋的な価値観の押し付けになり，強者による弱者の同化に傾きがちになる。それは，排他性と非寛容性にもつながる。この傾向は，現在のグローバリゼーションに明らかにみてとれる。全員を豊かにする政策が一種類だけあるという一方的な押し付けであり，あたかも普遍的な真理を装い，人類共通の利益の追求を唱えながら，実は先進国の利益と関心を正当化しているにすぎないという姿勢が見え隠れする。

世界各地でのグローバリゼーションに対する反対運動は，IMFやWTOといった国際機関が押し付けてきた特定のイディオロギー，すなわち新自由主義とワシントン・コンセンサスへの反対であり，ただ一組の政策のみを正解として押し付ける姿勢への反対である。

広範囲な合意のない提案と政策勧告を，あたかも唯一最善の策であるかのように提示してきたこれら国際機関の普遍主義は西洋的傲慢の現れであり，そこにはおのずと限界がある。世界は多様性に満ちている。新自由主義的グローバリゼーションあるいはアメリカ型グローバリゼーションとよばれるものだけが普遍的な解ではない。資本主義といっても，米国型，ドイツ型，日本型と異っている。市場といっても，やはりそれぞれの国で異なっている。基本的な価値と目標を共有していても，「経路依存性（path-dependence）」によって，さまざまなヴァリエーションが生まれてくる。

人間が成長段階によって，思考や目的が異なるのは当然であるように，国の場合でも，成長段階によって目的や政策が異なるのは当然である。子供と大人に同じ思考と行動を求めることなどあり得ないように，途上国と先進国に同じ政策と行動を求めることは理にかなわないことである。しかし，現在のグローバリゼーションでは，途上国にも先進国にも同じように自由化，規制緩和を求めるというまったく奇妙なことが当然のごとくに求められている。確かに発展

途上国にとって成長は不可欠であっても，先進国には成長パラダイムからの脱却が求められている。

では次に，これまでのグローバリゼーションをめぐる議論を整理し，今後の方向性を展望するための出発点としよう。

第2節　交錯するグローバリゼーション論争

1．グローバリゼーションの現在

グローバリゼーションは，確かにこれまで非常に大きな経済的恩恵をわれわれ人類にもたらしてきた。とはいえ，その結果はきわめて不公平であることが明らかになってきている。グローバリゼーションは，先進国でも途上国でも，不安定と不公平を拡大してきた[9]。貧困の削減，社会の安定，環境問題の解決などに明らかに失敗しており，そのしわ寄せの大部分が発展途上国に押し付けられている。

こうしてグローバリゼーションのあり方が，厳しく問われるようになり，大きな論争が巻き起こった[10]。グローバリゼーションをめぐるこの論争は，単に賛成反対，是非善悪を問うというものではなく，実に多くの主張が入り乱れ議論が錯綜している。グローバリゼーションという言葉自体が曖昧であり，人によって意味が大きく異なるために，議論がかみ合っていないこともしばしばである。その上，グローバリゼーションには多様な側面があり，論点が多岐にわたっているので，かなり分かりにくくなっている。

多くの経済論争がそうであるように，グローバリゼーション論争も容易に決着をみることはないであろう。とはいえ，この論争は，知的世界の中だけで戦わされる他の論争とはまったく異なり，具体的な処方箋を提示していかなければならない。現在われわれ人類は，環境問題や貧困問題といった深刻な問題に直面し，差し迫った状況にあるからである。

グローバリゼーションは，いまや地球上の大多数の人々の生活に影響をおよぼしており，21世紀の私たちの社会を方向付ける強力な力をもっている。そしてグローバリゼーションは，いま世界規模でつくられつつある新しいグロー

バル社会のあり方をほぼ決定づける。したがって延々と論争ばかりを繰り広げ，知的遊戯の範疇に留まっていることは許されない。理論上の議論から抜け出て，実効性のある政策上の議論が必要であり，そこにはおのずと規範的な価値判断も必要になってくる。

当初，グローバリゼーションは地球上のすべての人々に恩恵をもたらし，人類が直面する多くの課題に対して解決の切り札になると期待する声が大きかった。国際機関や先進国政府は，グローバリゼーションを切り札として働かせるための条件整備に専心し，多くの領域で規制緩和と自由化を進めてきた。しかし，グローバリゼーションがこれまでにもたらしてきた現実の果実は，期待される成果とはかなりかけ離れていることが明らかとなり，懐疑と反対の声も非常に強くなっている。

2．6つの異なる立場

グローバリゼーションをめぐる主張は，一般的には推進派と反対派に二分される。しかし詳細にみていくと，それぞれの中に，いくつかの異なった立場が存在し，全体ではおおむね6つの立場—新自由主義派，リベラル国際主義派，制度改革派，グローバル変容主義派，国家中心主義・保護主義派，ラディカル派—に分けて考えられる[11]。もちろん，これ以外にも，いろいろなグループ分けによる議論がおこなわれている。しかし，ここでの目的は分類することではなく，錯綜する議論を分かりやすくすることにあり，分類方法について議論したり，分類の厳密性を問うことではない。

以下では，第1-2図に示すとおり6つの立場を推進派，改良派，反対派に

第1-2図　グローバリゼーションをめぐる6つの立場

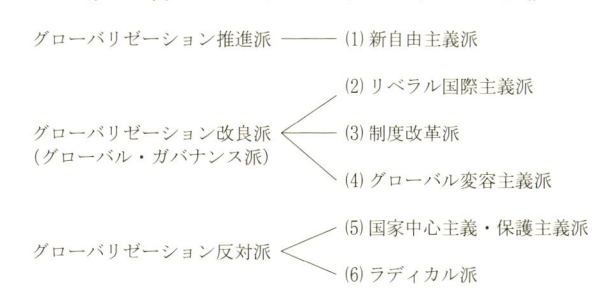

グローバリゼーション推進派 ——— (1) 新自由主義派

グローバリゼーション改良派　　(2) リベラル国際主義派
（グローバル・ガバナンス派）　(3) 制度改革派
　　　　　　　　　　　　　　　(4) グローバル変容主義派

グローバリゼーション反対派　　(5) 国家中心主義・保護主義派
　　　　　　　　　　　　　　　(6) ラディカル派

三分して，それぞれの主張について検討していく。

(1) 新自由主義派

現在のグローバリゼーションを強力に推し進めているイディオロギーは，アメリカに源を発する新自由主義である。したがって現在のグローバリゼーションは，新自由主義的グローバリゼーションと呼ばれたり，アメリカ型グローバリゼーションと呼ばれたりもする。自由放任的もしくは自由市場型社会の実現が目的とされ，国家の役割を限りなく小さくすることが目ざされている。具体的な形としては，ワシントン・コンセンサスと呼ばれている10項目の政策を世界中で実現していこうとするものである。

つまり①財政赤字の是正，②補助金カットなど財政支出の変更，③税制改革，④金利の自由化，⑤競争力ある為替レート，⑥貿易の自由化，⑦直接投資の受け入れ促進，⑧国営企業の民営化，⑨規制緩和，⑩所有権法の確立という10項目である。これらの政策の実現こそが，今日のグローバリゼーションの具体的な姿というわけである。

これらをコンセンサスと表現することは，あたかも，すべての経済学者，政策担当者，政治家によって合意され，共有されている経済成長のための唯一の処方箋であるということを意味させようとしている[12]。このワシントン・コンセンサスという処方箋以外には，世界中の人々を豊かにする方法はないというのが，新自由主義的グローバリゼーション信奉者の主張である。

以下のような5つの主要なイディオロギー的主張が，きわめて規則的に見出されると指摘されている[13]。

主張1：グローバリゼーションは，市場の自由化およびグローバルな統合に貢献する。
主張2：グローバリゼーションは不可避的で，非可逆的である。
主張3：グローバリゼーションを統括している者はいなく，誰のせいでもない。
主張4：グローバリゼーションは誰にとっても利益がある。
主張5：グローバリゼーションは世界に民主主義をいっそう広める。

(2) リベラル国際主義派

グローバルな競争とグローバルな市場によって調和のとれた世界が生成され

てきているというよりも，グローバルな相互関係が深まる中で新たな課題が数多く浮上してきており，それらへの対応のために，より協力型の世界秩序が必要であると主張している。1995年にグローバル・ガバナンス委員会が出したリポートが，この立場を最も体系的に表しており，その中で「距離の短縮，つながりの複合化，相互依存の深化といった要因すべてが働いて，世界を隣人社会に変えている」と述べ[14]，グローバルな隣人社会における民主的なグローバル・ガバナンスの重要性を説いている。

このグローバル・ガバナンスとは，世界政府や世界連邦主義を意味するものではなく，国家，国際機関，国際レジーム，NGO，市民運動，市場が多元主義的に協調・協力して，グローバルな問題の諸側面を規制ないし統治しようとするものである[15]。

安全で公正な民主的世界秩序を実現するためには，多面的戦術に訴えて国際諸機関を改革すると同時に，新しいグローバルな公共倫理を育てていかなければならないと主張している。その中心原理がガバナンスへの参加である。

(3) 制度改革派

国家によって供給されてきた公共財は，グローバリゼーションの進展によって大きく性格を変え，いまや国家と国家以外のさまざまなアクターが，公共財の供給とルールのシステムを形成して，支えるようになっている。国際社会の制度を根本的に改革することで，公共財の性質と供給について公的対話を広げ，より責任のある公正でグローバルな秩序を新しく作り上げることができると主張している。地球温暖化からエイズの拡散におよぶグローバルな政策的危機は，公共財の理論によって理解し解決できるとする。

現在のグローバルなガバナンスには，3つのギャップが存在していると指摘する。第一は管轄権のギャップで，グローバル化した世界とナショナルな個別の政策形成単位との間にギャップが存在し，数多くの焦眉のグローバルな課題に対して，誰が責任を負うのかという問題である。第二としては，重大な参加ギャップが起こっていることを指摘している。既存の国際システムにおいては，先進国以外の政府と非政府組織に十分な発言力が与えられていないという問題である。第三は，インセンティブのギャップである。グローバルな公共財の供給と利用を規制しうる超国家的主体が実在していないという現在の状況で

第1-1表　グローバリゼー

	(1) 新自由主義派	(2) リベラル国際主義派	(3) 制度改革派
中心的原理	個人の自由	人権と責任の共有	透明性・協議・説明責任の原理を基礎とした共同のエトス
統治の主体 (誰が統治すべきか)	市場の交換と最小国家を媒介とした諸個人	政府，責任に耐えうる国際レジームと組織を媒介とした個人	市民社会，実効的国家，国際機関を媒介とした個人
鍵となる改革	官僚主義的国家の解体と市場の規制緩和	国際的自由貿易，透明で開かれた国際的ガバナンス体制の構築	政治参加の拡大，国民的・国際的意思形成への三者型アプローチ，グローバルな公共財の安定的供給
グローバル化の望ましい形態	最も貧しい人々に対するセーフティネットを伴ったグローバルな自由市場と法の支配	政府間主義という協調体制の中にあり，自由貿易を媒介とした相互依存関係の強化	民主的なグローバル・ガバナンスと，規制されたグローバルな諸過程
変革の様式	強いリーダーシップ，官僚的規制の最小化，国際的自由貿易体制の創出	人権レジームの強化，グローバル・ガバナンスの改革，環境規制	集団活動の範囲を高めるための国家と市民社会の役割の強化，ローカルからグローバルなレベルにおよぶガバナンスの改革

（出所）　ヘルド＝マッグルー（2003），160-161ページ。

は，多くの国はフリーライダーになろうとしたり，永続的な集団的解決に本気で取り組まない可能性がある。

　以上のような3つのギャップが存在する状況を克服するために，国家と国際機関の役割を強化し，多国間型協調を強め，グローバルな公共財の供給を高めるべきであると主張する。政治の主体，ビジネス界，市民社会が公的課題の設定，政策理念の検討と形成に積極的に参加することを求めている。

(4)　グローバル変容主義派

　どのような形態のグローバリゼーションが望ましいのか，また，富の分配においてどのような影響がおよんでいるのかということを問題としている。これまでの状況では，権力，機会，生活チャンスに激しい格差が生まれていると指

ション論争の比較

(4) グローバル変容主義派	(5) 国家中心主義・保護主義派	(6) ラディカル派
政治的平等，平等な自由，社会的公正，責任の共有	国益，社会文化的アイデンティティの共有と共通の政治的エトス	平等、共通善、自然環境との調和
ローカルからグローバルにおよぶ多層型のガバナンス編成を媒介とした個人	国家，国民，国民市場	自治型コミュニティを媒介とした個人
重複型政治コミュニティにおける多様なメンバーシップの強化，ローカルからグローバルなレベルに及ぶ利害関係者の審議型フォーラムの展開，国際法の役割強化	国家の統治能力の強化，国際的政治協力	民主的ガバナンスの編成と，自主管理型の企業，職場，コミュニティ
多次元の民主的なコスモポリタン型政体，すべてに平等な自律性を保障するグローバルな諸過程の規制	国民国家の能力強化，実効的な地政学	ローカル化，サブリージョナル化，脱グローバル化
国家・市民社会・超国民的諸機関の民主化を媒介としたグローバル・ガバナンスの再編	国家の改革と地政学	社会運動，NGO，ボトムアップ型の社会変革

摘し，グローバリゼーションを，もっと十分に公正な管理と規制のもとにおくことによって，現在の方向を変えることができると考えている。

グローバリゼーションに替わる方向を求める論者や，単にグローバリゼーションのより実効的管理を求める論者とは立場を異にしている。

国境を越えて民主制と社会的公正を育てるという新しい方向が求められており，さらに平和の維持と平和の創出も含めて，国際協定と国際法を管理・運営する新しい様式が必要であると主張する。

グローバルな貧困，福祉，環境問題や関連する諸課題に対処するために，新しく責任あるグローバルなガバナンス構造を作り上げ，IMFやWTOのようなきわめて市場中心型国際機関の権力と影響力を弱めることを求めている。

(5) 国家中心主義・保護主義派

　国家の統治能力のより一層の増強，強化が必要であると主張する。つまり国家の力を強めて，国民の安全，経済的繁栄，福祉の組織化を進めるべきであるという。東アジア諸国の経済的成功は，説得力のある具体的例である。これらの国々では，政府の駆動力によって経済成長に成功しており，国内産業の育成，対外競争の規制，旺盛な貿易政策といった新しい国家中心主義的な諸政策がとられてきた。

　これらは新自由主義派がかかげるワシントン・コンセンサスとは対極にある政策であり，それゆえにこそ成功したといえる。政府の果たした役割の重要性は明らかであった[16]。さらに明白な歴史的事実もある。アメリカ，イギリス，フランス，ドイツ，日本といった国々も，今日では先進国となって自由化の旗を振ってはいるものの，その経済成長の初期段階では，ワシントン・コンセンサスとはまったく反対の政策を実施していた。つまりこれらの国々が，保護貿易主義と国家的な産業育成政策をとって経済成長に成功したことは，紛れもない事実である。ワシントン・コンセンサスにそって経済成長を遂げた国は，これまでに一つもないのである。

　「国際的秩序や国際的連帯とは，常にこれを他者に押し付けることができるほどに十分な力をもっていると考える人々のスローガンである」と E. H. カーが指摘したように，グローバル・ガバナンスや経済のグローバル化は主として西側の企図に発しており，その目ざすところは，世界の諸問題において西側の優位を保とうとするものであると解釈される。

(6) ラディカル派

　代表的なものの一つは，「もうひとつの世界は可能だ！（Another world is possible）」というスローガンを掲げ，これまでの新自由主義的グローバリゼーションにとって代わる新しいグローバリゼーションを創りだそうという運動である。当初は「反グローバリゼーション運動」と呼ばれていたが，いまでは「オルター・グローバリゼーション運動」と呼ばれるようになり，グローバルな正義のための運動であるともいわれている[17]。

　この新しい運動は，グローバルなエコロジーの危機と経済と安全の危機に対して，抵抗と連帯の超国民的コミュニティを形成することを目ざしている。つ

まり「ボトムアップ」型の世界秩序の構築を目ざし，多様なコミュニティと社会運動の存在に依拠する。平等の理念と共通善や自然環境との調和を基礎に，自らの生活をコントロールできる自治型コミュニティの確立を基盤として，現在のグローバリゼーションとは異なるガバナンスのメカニズムを作り上げることを目的としている。

　2002年にポルトアレグレで開催された「世界社会フォーラム」では，多国籍企業中心のグローバリゼーションに異を唱え，歯止めなきグローバル化と無規制の企業権力に対して，いかに対抗していくかが議論された[18]。

　多様な主張と立場の人たちが反グローバリゼーションの下に集まっており，決して一つにまとまっているわけではないが，そこに共通してみられる主張は以下の4点である[19]。

　　主張1：グローバリゼーションは，社会的不平等をますます深化させる。
　　主張2：グローバリゼーションは，地球のエコロジー的均衡を危機に陥れる。
　　主張3：グローバリゼーションは，商品と貨幣だけを価値あるものとする。
　　主張4：グローバリゼーションは，人間世界のあらゆる様相を商品化して，
　　　　　人類の共有財を損傷する。

　以上みてきたように，グローバリゼーションをめぐる立場は多様であり，当然，互いに相容れない主張も数多くある。しかし，それらにほぼ共通する認識は，グローバリゼーション自体が問題なのではなく，グローバリゼーションをいかに進めていくのかに問題があるという点である。つまり，グローバリゼーションの前につく形容詞が問題となってくる。新自由主義型，多国籍企業中心型，アメリカ型などといった形容詞がグローバリゼーションの前につくことに懐疑と反対の声が高まっている[20]。

　とはいえ，それらに代わって，いかなる形容詞がつくのかということが問題となる。環境に優しい，人にやさしい，公平・公正なといったような形容詞があげられてはいるものの，いずれも概念的・抽象的な域を出ておらず，明確で説得的な将来像を描ききれていないために，なかなか新しい具体的な一歩を踏み出せずにいる[21]。

第3節　環境問題解決のための価値判断と基本的枠組み

1．協調と公平・公正重視の価値判断へ

これまでの主流経済学は，目的の選択は価値判断や倫理観の問題であって，科学としての経済学の問題ではないという狭い科学主義を暗黙の前提としてきた。これは，ロンドン・スクール・オブ・エコノミックス教授であったライオネル・ロビンズの主張に端を発している。彼は，どのような目的を選ぶかには価値判断や倫理観がかかわっているので科学の対象にはならず，それゆえ経済学の研究対象は人間が選択する諸目的の間に，希少な時間と手段をどのように割り振るのかという問題でなければならないと述べた。以後の経済学者は，ロビンズの狭い科学主義を暗黙のうちに受け入れ，手段の選択の当否に限定して，人間行動の分析を進め，分析手法の精緻化にひたすら努めてきたのである[22]。

こうして狭い科学主義が経済学を支配するようになって，価値判断の問題を扱ってこなかったために，大多数の経済学者は，経済の上位体系である社会のあり方に関して無関心できた。市場経済が完全に機能すると，資源の効率的な配分と公正な分配が自動的に実現されるので，おのずとあるべき望ましい経済と社会の姿が現れてくると考えられた。したがって，社会がいかにあるべきかは，経済学の対象ではなかったのである。

しかしロビンソン以前には，価値判断の重要性を認識している研究者たちがいた。例えば，スウェーデン人経済学者のグンナー・ミュルダールは，「社会を研究するものは，価値判断を避けるのではなく，あえて特定の価値判断を選択し読者に明示する必要がある。価値判断を明示しようと努力しないと，無意識のうちにその社会の支配的価値判断を前提として議論することになってしまう」と指摘し，価値判断の重要性を説いている。

ドイツ人社会学者のマックス・ヴェーバーは，「価値判断が社会研究の強い推進力になることを認識したうえで，価値判断と状況判断を混同しないように注意し，的確な状況判断に到達する冷静さが必要」であり，「社会研究者は，

必要な場合，現実を分析して獲得した状況判断によって自分の価値判断を修正する勇気をもたなければならない」と述べ，的確な状況判断にもとづいた価値判断の重要性を指摘している。

現在のグローバリゼーションをめぐる状況を，ミュルダールの主張にそって述べるならば，新自由主義的価値判断が支配的となっており，無意識のうちに，それを前提として議論しているという状況が，先進国政府，産業界，IMFやWTOなどの国際機関に顕著となっている。しかし，現在の的確な状況判断にもとづくならば，新自由主義的価値判断は修正が求められていることは明らかであろう。なぜならば，これまでにグローバリゼーションがもたらしてきた結果を状況判断すると，資源枯渇と環境破壊，貧困の蔓延がますます危惧される状況だからである。

その一例として，ローマクラブの委嘱を受けたメドウズらによる新しい共同研究の成果が出されており，そこでは「未来への可能な進路は，30年前よりもさらに狭められている」という認識を示している[23]。さらに，2007年初頭に出された第10回気候変動に関する政府間パネル（IPCC）第4次報告書第1部「自然科学的根拠」では，地球温暖化が進んでいるのは間違いないと宣言しており，人為起源の温室効果ガスが増えたことが原因とほぼ断定している。このように，世界の人口と経済活動はすでに地球の許容量を超えている可能性があることを指摘する研究成果が次々と出されている。つまり，資源枯渇と環境破壊によって人類は自滅するという危惧がますます現実味を帯びてきているという状況にある。

このような状況判断にもとづくならば，さらにより一層，新自由主義的なワシントン・コンセンサス政策の追求によって事態は解決されるという主張は容認されないであろう。明らかに，新自由主義的価値判断を修正する勇気が求められている。競争と市場を重視する価値判断から，協調と公平・公正を重視する価値判断への転換が必要である。つまりこの価値判断は，環境に配慮すること，貧しい人たちや弱い人たちが自分たちに影響を及ぼす決定に発言権をもてるようにすること，透明性があり説明責任をはたす民主主義と公正な経済取引の堅持という具体的な形となって現れるのである[24]。

2. スリー・セクター・フレームワークによる問題解決

　貧困と環境破壊の悪循環に苦しむ発展途上国の現実はすさまじい。それはやがて，そう遠くない将来に地球全体の存続を脅かし，人類の自滅をもたらすことになる。途上国の貧困と環境問題は，人類の直面する最優先課題であることに間違いはない。このような状況に直面して，その調査と分析ばかりがおこなわれ，グローバリゼーションをめぐる論争が延々と続けられていても，なかなか実際の行動には結びついていかないのが現在の状況である。そうしている中で，残されている時間は減る一方であり，模様ながめをしている時間はなくなってきている。グローバリゼーションが秘める巨大な潜在力を，貧困と環境問題の解決に活かすために，どのようにして，いかなる行動へと移していくかに，人類の英知が問われている。

　貧困と環境問題は密接に関係しているために，それぞれを別々に解決することは不可能であり，同時に解決をめざす以外に道はない。その答えは，途上国の経済開発を進めることである。ここまでは立場の違いを超えて共通の合意が得られている。問題は，経済開発の仕方である。

　ある特定の時代に特定の国でうまくいった方法が，他の時代に他の国でうまくいくとは限らない。今では先進国となっている国々は，かつて無限の自然を仮定して，資源多消費型の成長モデルによって成功をおさめてきた。しかし，有限の自然が現れた今日では，このモデルは通用しない。例えば，世界人口の5分の1を擁する中国が，資源多消費型の成長を図ることは明らかに不可能であろう。確かに途上国に成長は必要である。しかし，資源多消費型モデルには，もはや限界がある。それにかわる成長モデルを創りだす以外に道はないのである。

　また同じ国であっても，かつてうまくいった方法が，現在でもうまくいくとは限らない。先進国が経済成長を優先目標とした時代に有効であった制度体系は，社会の成熟と安定を優先目標としなければならない時代には明らかに有効ではないであろう。現在の先進国では，経済成長に替わる成熟を目標とした制度体系が必要とされている。それには経済成長に替わる価値判断が広く人々に共有されなければならないが，いまだ経済成長重視路線が主流である。このように，途上国，先進国を問わず，資源多消費型成長モデルは，もはや有効には

働かないのである。

　成功したあらゆる経済の中心には市場があり，市場メカニズムの活用は不可欠である。しかし，市場には失敗があり，市場経済は万能ではない。そのために政府による適切な制御が必要である。しかし政府にも失敗がある。そこで，市場と政府のバランスをいかにとるかが試行錯誤されてきた。それは大きな政府か小さな政府かという議論となって行なわれ，時代と場所によってさまざまに異なってきた。そして，唯一の最適なバランスというのが存在していないことも明らかにされてきた。

　第1-3図に示すように，公平・公正重視の価値規範と効率重視の価値規範のどちらにウェイトを置くかが，その時代，時代に問われてきたのであった。この変遷過程を簡潔に述べるならば，古典派から今日に至るまでの経済学の流れは，効率と公平・公正のトレード・オフの問題をめぐって波動を描いてきたといえる。その時々の経済政策はどちらの価値規範を重視するかによって変更されてきたわけであるが，効率と公平・公正の両者を同時に達成することは不可能であった。

第1-3図　価値規範の変遷サイクル

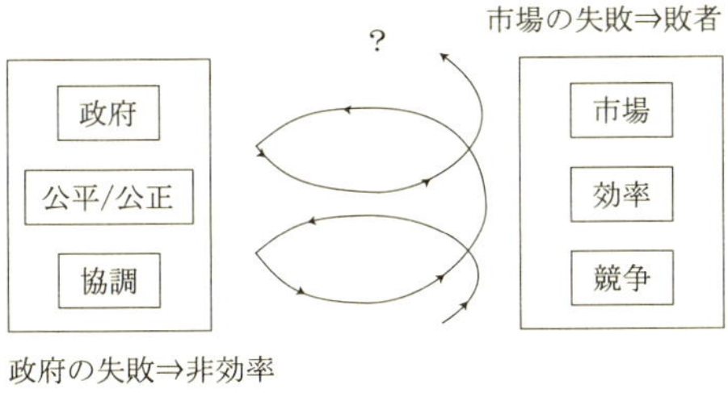

市場の失敗⇒敗者

政府		市場
公平/公正		効率
協調		競争

政府の失敗⇒非効率

　70年代前半までの経済政策は，公平重視の価値規範に基づいていたが，80年代へと向かうにつれて，効率重視へとしだいにシフトした。80年代になると，サッチャー，レーガンらが相呼応するかのようにして，市場化と小さな政府への改革を進め，効率重視の流れが定着した。これが90年代前半のグローバリゼーションの隆盛へとつながり，市場万能主義さえも唱えられるに至った。80年代から90年代前半にかけては，経済政策の基調は，おしなべて市場原理に基づく効率性の追求にあったといえる。しかし，90年代後半には，グ

ローバリゼーションと市場万能主義への懐疑が高まることになる。

　有限な自然を前にして，これ以上は試行錯誤を繰り返している余裕がなくなる中で，的確な状況判断にもとづいた価値判断と，その上での実際の行動が何よりも求められている。「市場対政府」という対立的枠組みは単純化のしすぎであり，明らかに限界がある。そこで，第1-4図に示すような，市場，政府，市民社会という3つのセクターからなる枠組みの可能性が着目されるようになっている[25]。

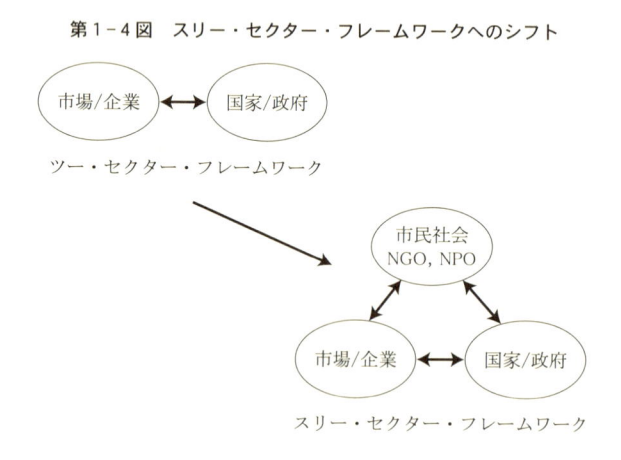

第1-4図　スリー・セクター・フレームワークへのシフト

市場/企業 ↔ 国家/政府
ツー・セクター・フレームワーク

市民社会 NGO, NPO
市場/企業 ↔ 国家/政府
スリー・セクター・フレームワーク

　今なお資源多消費型成長モデルに依拠している世界を，全体的につくり替えていくには，多様な社会運動を発展させる必要があり，その原動力は個人と市民社会にある。開発政策が成功するための三本柱も明らかにされており，それは市場，政府，個人とコミュニティつまり市民社会である。いまや開発政策においても環境政策においても，非政府組織がかなりの役割を果たしていることは誰もが認める事実である。世界銀行によるさまざまな研究も，コミュニティの関与の重要性を明らかにしてきている[26]。政府の失敗に対しても，国際機関の改革に対しても，市民社会からの圧力とその行動は，一定の成果をもたらしてきた。

　市場，政府，市民社会という3つのセクターからなる枠組み（スリー・セクター・フレームワーク）を発展させ，競争と市場を重視する価値判断から，協

調と公平・公正を重視する価値判断への転換が，新しい時代を創っていく。そこでは，多様性と多元性が認められ，人間を手段として扱う市場経済の原理とは異なる，無償の相互扶助と相互支援の原理も働くことになる。

　課題は，市民社会セクターの力が，他の2セクターに比べて，いまだかなり小さいということと[27]，市場，政府，市民社会という3つのセクターからなる基本的枠組みを現実にいかにうまく働かせるかということである。そのための試みが，さまざまな形で始まっている[28]。

　スリー・セクター・フレームワークを，いかにして実効性ある形で具体化していくか。そこに，人類の英知が求められている。これによって，現在のグローバル・ガバナンスを再編成し，新自由主義的グローバリゼーションの方向転換を可能とする有望な道が拓けつつある。

注
1）　菅原秀幸（2000b），81-83ページ，森田恒幸・天野明弘（2002），144-145ページを参照。
2）　イムラー（1993），4ページ，中村修（1995），128ページ，フレンチ（2000），16-17ページを参照。
3）　中村修（1995），113-134ページを参照。
4）　オルメロッド（1995）を参照。
5）　ボールディング（1968）を参照。
6）　スティグリッツ（2006），147-151ページを参照。
7）　菅原秀幸（2000a），63-65ページを参照。
8）　ラモネ他（2006），397-399ページを参照。
9）　スティグリッツ（2006），125ページを参照。
10）　菅原秀幸（1999）を参照。
11）　ヘルド＝マッグルー（2003），137-162ページを参照。
12）　ラモネ他（2006），397-399ページを参照。
13）　スティーガー（2005），124-144ページを参照。
14）　Commission on Global Governance（1995），p.43を参照。
15）　Commission on Global Governance（1995），p.336を参照。
16）　スティグリッツ（2002），137-138ページを参照。
17）　ジョージ（2004），ATTAC編（2001）を参照。
18）　キングスノース（2005）を参照。
19）　ラモネ他（2006），94ページを参照。
20）　オルター・グローバリゼーション運動における代表的存在のスーザン・ジョージ女史もこの点を指摘している。北海道洞爺湖サミットを前に，北海学園大学で2008年7月4日（金）に開催された講演会後の討論会において筆者が直接質問した。
21）　現在のグローバリゼーションのあり方を変えていこうと運動を展開している日本の代表的存在の星野昌子氏（日本NPOセンター代表理事）と大林ミカ氏（環境エネルギー政策研究所副所長）

に筆者が直接質問した。
22) 正村公宏 (2006), 13ページを参照。
23) メドウズ他 (2005) を参照。
24) スティグリッツ (2002), 308ページを参照。
25) Teegen, Doh and Vachani (2004) を参照。
26) スティグリッツ (2006), 104ページを参照。
27) 菅原秀幸・加藤誠久 (2006) を参照。
28) 一例として、世界開発公社。Lodge and Wilson (2006), pp.155-163 を参照。

参考文献

イムラー、ハンス (1993)、『経済学は自然をどうとらえてきたか』農文協。
オルメロッド、ポール (1995)、『経済学は死んだ―いま、エコノミストは何を問われているか』ダイヤモンド社。
キングスノース、ポール (2005)、『ひとつの NO! たくさんの YES! 反グローバリゼーション最前線』河出書房新社。
ジョージ、スーザン (2004)、『オルター・グローバリゼーション宣言』作品社。
菅原秀幸 (1999)、「グローバリゼーションの行方」青木健・馬田啓一編著『地域統合の経済学』剄草書房。
菅原秀幸 (2000a)、「アメリカ型グローバリゼーションの限界」『世界経済評論』Vo.144-No.88。
菅原秀幸 (2000b)、「グローバリゼーションへの対応」青木健・馬田啓一編著『ポスト通貨危機の経済学』剄草書房。
菅原秀幸・加藤誠久 (2006)、「環境対策における企業と市民社会との関係についての定量的分析」、日本 NPO 学会第 8 回年次大会報告論文。
スティーガー、マンフレッド (2005)、『グローバリゼーション』岩波書店。
スティグリッツ、ジョセフ (2002)、『世界を不幸にしたグローバリズムの正体』徳間書店。
スティグリッツ、ジョセフ (2003)、『人間が幸福になる経済とは何か』徳間書店。
スティグリッツ、ジョセフ (2006)、『世界に格差をバラ撒いたグローバリズムを正す』徳間書店。
中村修 (1995)、『なぜ経済学は自然を無限ととらえたか』日本経済評論社。
フレンチ、ヒラリー (2000)、『地球環境ガバナンス』家の光協会。
ヘルド、D.=マッグルー、A (2003)、『グローバル化と反グローバル化』日本経済評論社。
ボールディング、ケネス (1968)、『経済学を超えて』学習研究社。
正村公宏 (2006)、『人間を考える経済学』NTT 出版。
メドウズ、デニス他 (2005)、『成長の限界 人類の選択』ダイヤモンド社。
森田恒幸・天野明弘 (2002)、『地球環境問題とグローバル・コミュニティ』岩波書店。
ラモネ、イグナシオ他 (2006)、『グローバリゼーション・新自由主義批判事典』作品社。
ATTAC 編 (2001)、『反グローバリゼーション民衆運動』つげ書房新社。
Commission on Global Governance (1995), *Our Global Neighborhood: The Report of the Commission on Global Governance,* Oxford University Press.
Lodge, G., and Wilson, C (2006), *A Corporate Solution to Global Poverty,* Princeton University Press.
Teegen, H., J. P. Doh and S. Vachani (2004) 'The importance of nongovernmental organizations in global governance and value creation: an international business research agenda', *Journal of International Business Studies* 35(3): 463-483.
World Commission on the Social Dimension of Globalization (2004), *A Fair Globalization:*

Creating opportunities for all, International Labor Organization.

(菅原　秀幸)

第 2 章

'持続可能な世界' と定常経済の倫理

　「持続可能性 (sustainability)」は国際資源・環境問題のキーワードとなっているが，その定義は必ずしも定かではない。この曖昧さによって「持続可能性」概念が広範に受入れられたし，同時に政策的対応に大きな幅を生じさせているとも言えよう。本章では先ず，持続可能性の定義を検討し，次いで見解の相違が比較的少ない物理的「持続可能性」条件の経済学的定式化から，その含意を吟味する。その上で，世代間衡平性と地域的公平の観点から最適な「持続可能な世界」を選択する規範としての「分配的正義の理論」の有効性を検討する。これらを踏まえて，定常経済の受容と求められる倫理について述べる。

第 1 節　「持続可能性」とは

　「持続可能な開発」「持続可能な成長」「持続可能な社会」は国際的な資源・環境問題が誰の目にも明らかになってきた今日，広く受け入れられた概念である。
　J. ロックは個人が未所有の自然界に労働を付加して生産するものについて，天然資源を含めて「他の人にも十分に残す」限りにおいて個人に生産物所有権を与えるとした。しかし，資源が有限で希少性をます世界では「他の人」の利用可能な資源量を減らさないことは不可能である。標準的な経済学は経済活動を生産・分配・消費のプロセスとして取り扱い，この経済活動プロセスへのインプットである資源投入と，プロセスからのアウトプットである廃棄物排出の制約を明示的には取り込んでこなかった。完全競争市場における資源配分のパレート最適性を主張する厚生経済学第一命題も，そのよって立つ前提は無限の

資源と環境吸収力である。しかし，資源供給能力や廃棄物吸収能力に'限界'があるならば，最早経済学の枠組みを従前のままにすることは適切ではない。

こうした問題意識を端的に示したのがメドウズら MIT グループの「成長の限界」であり，レイチェル・スコットの「沈黙の春」，シューマッハの「スモール・イズ・ビューティフル」と続く，資源・環境問題の古典である。これらを受けて「持続可能性」を明示的に示したのは，1987 年の国連「環境と開発に関する世界委員会」報告いわゆる「ブルントラント委員会報告」として知られる "Our Common Future（われわれの共有する未来）"である。ブルントラント委員会報告では「持続可能な発展」を『将来世代がそのニーズを満たす能力を損なうことなく，現在世代のニーズを満たす発展』として定義している。その後「持続可能性」は 92 年の国連開発環境会議（リオ・サミット）のリオ宣言に取り入れられ，資源・環境問題を語る上で広範に共有される概念になった。

しかし，この概念が好意的に受け入れられながらも，各国の実際の政策にどれだけ反映されているか疑問なしとしない。成長すれば幸福になるという「成長神話」は引き続き支配的であり，日本でも「改革なくして成長なし」が政策スローガンに掲げられ，環境問題への配慮はあるものの，依然「成長」が志向されている。雇用拡大・技術進歩に成長が不可欠であり，貧困から脱出するためには成長しかないと考える途上国においては尚更である。

「持続可能な発展」を掲げたリオ地球サミットで締結された気候変動条約から生まれた京都議定書の CO_2 削減策も，地球全体で 5%の削減に成功したとしても，削減せずに 100 年間で放出される CO_2 量を 105 年間で放出すること，つまり 5 年間の先延ばしでしかなく，'持続可能性' という観点だけからみるならば殆ど無意味とさえいえる[1]。それすらブッシュ政権は離脱するし，中国・インド・ブラジルという汚染大国は当初から含まれない。

'持続可能性' が広範に受け入れられたのも，その反面，現実の政策ガイドラインとして機能しないのも，その定義の曖昧さにあるといえよう。加藤尚武はブルントラント委員会報告が当面は資源の枯渇に直面しないという想定にたって，可能な開発の限界を定めることが出来なかったことが，環境政策のひずみをもたらしたとしている[2]。興味深いことに，世界銀行スタッフでもあった

ハーマン・デイリーは「世界銀行は持続可能な発展に賛意を表すると公式に言明していたにもかかわらず，持続可能な発展というフレーズの中味がほとんど空っぽだったためにこうした言明を無意味なものにした。この概念に明確な定義を与えようとする環境派抵抗グループの目論見は激しい逆襲にあった。」[3)] として，成長と環境の軋轢を認めながらも，経済成長促進と環境改善の両立，いわゆる win-win policy の可能性を強調し，経済成長に生態学的限界が存在することを認めたがらない当時の世銀主席エコノミスト ローレンス・サマーズらの姿勢を批判し，また持続可能性という言葉が独り歩きすることを戒めている。こうした対立の背景には『地球の有限性を絶対的に有限なものとして厳密に解釈するか，それとも「資源のコストが相対的に低下するなら，資源は無限として扱いえる」という相対主義を採用するかという理論的対立がある』[4)] といえよう。

　ここでは，そうした軋轢も念頭にして，持続可能性の定義を改めて検討してみたい。まず，「成長の限界」の MIT グループは持続性をそこなわせる成長の限界を「人間が地球の生産能力や吸収能力を超えることなく資源を取り出し，廃棄物を排出できるペースの限界」とした。上述のブルントラント委員会報告では持続可能性の定義にあるような ① 世代間の公平性と ② 世代内でのニーズを貧困層に優先させることに加えて，③ 再生可能資源の利用率が再生と自然成長の範囲内であること，④ 再生不能資源の利用はその減耗率を資源の臨界性，減耗最小化技術，代替的資源存在可能性から考えること，⑤ 生態系全体の統合性維持のため廃棄物による有害な影響の最小化を図ることを挙げている。また，近年耳にすることが多くなったものにナチュラル・ステップの4条件というものもある。ナチョラル・ステップは，スウェーデンの国際的環境教育 NGO 団体で「環境保護と経済的発展の双方を維持することが可能な社会を目指し，企業・自治体・学界・政府そして個人が行動するための指針を科学的根拠に基づいて提供」しており，持続可能な経済社会の条件として，4つのシステム条件，① 地殻から取り出した物質の濃度が生物圏で増え続けないこと，② 人工的に作られた物質の濃度が生物圏で増え続けないこと，③ 自然の機能や多様性が，乱獲などのエコシステムの操作により劣化されないこと，④ 世界中の人々の基本的なニーズを満たすために資源が公平かつ効率的に使

われることを提唱している[5]。①は生産・消費の全てで再生可能資源の利用の必要を，②は生産・消費・再生サイクルの速度を一定に保つこと，③は自然環境・生態系の破壊の禁止，④は資源節約的な技術開発や効率的で公平な資源配分を求めているといえよう。このほか『成長の限界・人類の選択』でも詳しく紹介されているエコロジカル・フットプリントという持続可能性の捉え方もある。ブリティッシュ・コロンビア大学のウィリアム・リース教授らによって開発されたエコロジカル・フットプリント（EF）とは，ある地域の経済活動を支えていくために，どれだけの土地や水域が必要かを算出し，数値化したもので，EFの単位はグローバル・ヘクタール（gha）という実際の面積ではなく，供給能力がある土地・水域の面積を示す。これによると地球の全表面積約500億haの1/4弱だけが供給能力のある地・水域とされる。ワナナゲルらは人類全体のEF総計は，2001年時点で134億7000万ghaで，地球の供給能力の総計114億ghaを既に約20％上回り，人類の経済活動を支えるためには，地球1.2個分が必要であるとしている。またウィルソンは世界中の人が現在のアメリカの消費水準に達するには，地球があと4つ必要になるとしている[6]。

第2節 '持続可能な世界'の経済学的定式化

このように「持続可能性」条件の定義は重なりを持ちながらも，それぞれ微妙に異なる。ここで共通項となる客観的な物理的条件のより明確な定義としてはハーマン・デイリーの3条件[7]があげられ，①「再生可能資源」の消費速度は，再生速度を超えない，②「再生不可能資源」の消費速度は，代替する再生可能資源の開発速度を超えない，③「汚染物質」の排出速度は環境の吸収速度を超えないとされる。これは「成長の限界」やブルントラント委員会報告と同様に①，②の条件は資源利用を再生可能と再生不可能に分けた資源制約条件であり，③は環境制約条件である。

デイリーの条件をコンラッドら[8]を参考にし，経済学的定式化を図り，その含意するところを吟味しよう。

先ず，資源制約条件からみてみよう。再生可能資源の定常状態均衡は t 期における資源ストック量を Xt，t 期の資源収穫量を Yt，$F(Xt)$ を資源増殖関数とし，t 期における資源ストック量と資源収穫量による便益を $\pi_t = \pi(Xt, Yt)$ とする。

最適収穫政策は初期条件 X_0 制約条件 $X_{t+1} - X_t = F(X_t) - Y_t$ のもとで，各期の資源ストックと収穫から得られる純便益の割引現在価値の合計として与えられる目的関数 $\pi = \sum \rho^t \pi(Xt, Yt)$ を最大化することで得られる（ρ は割引ファクター）。

ラグランジェ関数はラグランジェ乗数 λ_1 を導入して

$$L = \sum_{t=0}^{T} \rho^t \{\pi(X_t, Y_t) + \rho\lambda_{t+1}[X_t + F(X_t) - Y_t - X_{t+1}]\}$$

この1階の導関数から結局，定常状態における X, Y の最適値は資源ストック量に変化を生じさせない条件 $Y = F(X)$ と

$$F'(x) + \frac{\partial\pi\{\pi(X_t, Y_t) + \rho\lambda_{t+1}[X_t + F(X_t) - Y_t - X_{t+1}]\}/\partial X}{\partial\pi\{\pi(X_t, Y_t) + \rho\lambda_{t+1}[X_t + F(X_t) - Y_t - X_{t+1}]\}} = \frac{1}{\rho} - 1$$

によって与えられる。2式は再生可能資源基本方程式とされ，左辺は資源の内部収益率，右辺は時間割引率となるから，この経済学的含意は，再生可能資源が他の資産と同等の収益率を生むことを示している。$F(X)$ の形状によっては

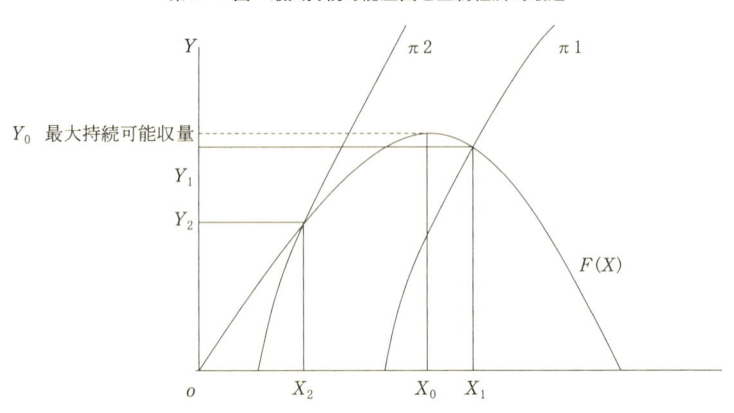

第2-1図　最大持続可能産出と生物経済的最適

（資料）　Conrad（1999）から作成。

複数の資源ストック量と収穫量の組み合わせが存在し，「最適」な組み合わせは目的関数によることになる。

　第2-1図に示されるように，こうした再生可能資源については複数の持続可能な「最適」資源ストック量が存在することになり，その水準は目的関数と資源増加関数の形状によっては最大持続可能生産量をみたすストック量(X_0)を上回る場合(X_1)も，下回る場合(X_2)もありえる。当然ながら割引によって将来世代の便益のウエイトは低下する。

　持続可能性の曖昧さの起源の一つはそのタイムスパンの無限定性にある。将来世代といってもそれは永久を意味しないだろう。次世代以降の便益を現世代が配慮する利他的な評価によれば，時間選好したがって時間割引率は低下し，上述の目的関数が変化するため資源ストック量と収穫量の「最適」組合せが変わることになる。こうした世代間衡平の問題はあるものの，再生可能資源については'持続可能'な「定常状態」は考えられる。

　ただし，上述のモデルでは$X_{t+1}-X_t = F(X_t)-Y_t$という差分方程式によっているが，コンラッドが指摘するようにFの増殖率は確率変数と考えられるから，資源ストック量にも確率的変動が生じる。このためY_tの水準も一意には決定されない。さらに自然環境と経済社会システムの間に生態学のいう共進化が存在すると考えられることにも留意が必要である[9]。

　なお，時間選好としての時間割引率による資源配分は高い時間割引率の場合はより資源集約的なプロジェクトを実施することを意味するが，その一方で実行されるプロジェクトの総数は低い時間割引率に比べて少なくなるため，資源・環境に与える影響は時間割引率の高低だけでは決まらない。

　再生不可能資源では資源と資本の間に完全代替関係があるとみなせれば，$Y = K^\alpha L^\beta R^\gamma$のようなコブ・ダグラス型生産関数の場合では$\dfrac{Y}{K}=\rho$を充たすこと，即ち毎期資源ストック量$K$の$\rho$に当たる$Y$を収穫することが最適となる[10]。

　次に環境制約条件をみよう。

　蓄積性汚染物質(Z)と社会厚生(W)の関係から導かれる環境損害(D)と生産水準(Q)の最適条件は

- 生産水準に対する最小排出量で描かれる生産財と廃棄物の転形曲線を
$$\phi(Q_t, S_t) = 0 \quad (第1象限)$$
- 蓄積性物質の変化は差分方程式
$$Z_{t+1} - Z_t = -\gamma Z_t + S_t \quad (\gamma は汚染蓄積分解率 \ S は廃棄物量 \quad 第2象限)$$
- 汚染蓄積量と環境損害の関係を $D_t = D(Z_t)$
  汚染蓄積による環境損害は逓増的（1・2階偏微分は正の凸関数 第3象限）
- 社会的厚生関数は $W_t = \pi(Q_t) - D(Z_t)$ （第4象限）

すなわち厚生水準は生産財・サービスの価値から環境損害を引いて与えられるとすれば，限界価値生産物が限界損害額と等しいこと，つまり社会的厚生関数の傾きが45°となる点 E が最適点となる。

ただし，厚生関数の形状によって E 点は1つに決まるわけではない。

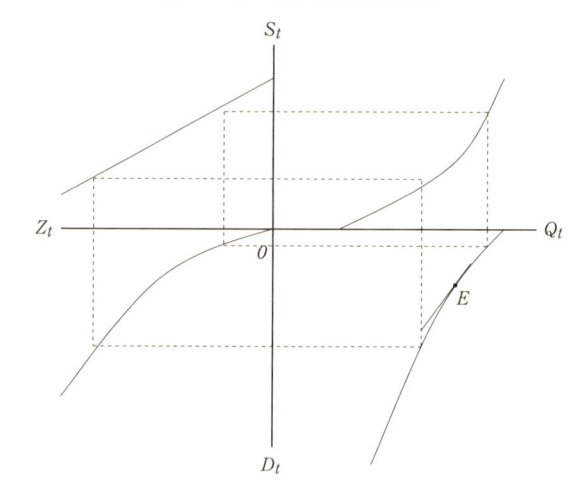

第2-2図 環境汚染と社会厚生

このように資源も環境も理論的な最適条件を考えることはできるが，大切なことはこうした最適性は市場メカニズムによって自動的に達成されるものではないことである。そしてさらに大きな問題は，吸収率や損害額の計測などの技術的問題や確率変数を含むことのほか，厚生関数や時間割引率の特定には世代間衡平性と先進国・途上国間の公平な分配という規範性をもった価値判断が必要となることである。換言すれば，定義のうちの非物理的条件は「価値論」の

問題である。上記のモデルが与える最適点はある意味でパレート最適点に過ぎず，無数に存在するパレート最適点のどの点が「社会的に望ましい」「正義にそった」ものかについては，社会的厚生関数をめぐってアレンが不可能性定理によって提起した議論に逢着する。結局，完全競争市場とそのパレート最適性からなる厚生経済学第一定理を超えた価値判断の問題を脇に置こうとする新古典派経済学からは'解'が得られない。そうであれば通常の経済学的判断を超えた，規範的経済学からの解答が求められる。近年，規範的経済学の基礎である厚生経済学，社会的選択の理論では公共哲学や倫理学の問題提起を受けて正義や衡平，公正を巡った議論が活発化している。次節では，そうした議論を踏まえて考察を進めよう。

第3節 「分配的正義の理論」

世代間衡平性についてシジウィックとピグーは現代世代と将来世代を同等に処遇する見地から，将来世代の効用の割引きを否定する世代間衡平性の公理を主張した。しかし，ダイアモンドは，その不可能性定理によって，合理的な異時点間選択には将来効用の割引が不可避であることを論証した。結局，鈴村興太郎教授が纏めるように「残念ながら，経済学は，世代間衡平性に関して確立した理論を備えているとはいえそうにない現状にある」[11]。法哲学的にも，世代間衡平性の正当化をめぐる議論が90年代に活発化して，① 過去世代の達成物を評価し，拡張する責務を根拠とする見解と，② 近接の将来世代と現代世代を包括する超世代的共同体の観念に訴える見解が提示されているが，最適世代間配分の基準を与えるような結論には至っていないようである[12]。

世代間衡平性だけでなく，より一般的な「分配の正義」つまり社会が競合する個人間で希少な資源や財をいかに配分するかについては，荒岱介が『行動するエチカ』で詳述しているように，早くもアリストテレスの「ニコマコス倫理学」に「分配の正義」として述べられ，その後スコラ哲学から，ロックの自然法思想，アダム・スミスの共感理論をへて，資本主義のエートスであるベンサムの功利主義につながる変遷がみられる。功利主義は「最大多数の最大幸福」

を達成する資源配分が望ましい，つまり公正な資源配分は人々の効用の和を最大化するものということであるが，そもそも最大多数の前提となる，有限資源の世界での最適人口規模は不問にされる。功利主義にたって最適人口規模を考えるなら，効用の尺度を'総効用'とすれば広く知られたパーフィットの指摘のように，貧困でありながらも膨大な人口を持つことが望ましいことになるし，'平均効用'であれば平均以下の人口を減らすことが望ましいことになってしまう。このように功利主義は有限な資源と環境受容能力のもとでの「分配の正義」には馴染まない。「能力に応じて働き，必要に応じて得る」という分配の正義を展望したマルクスもベンサムの功利主義を批判したが，ロールズはこうした功利主義の分配的正義に対し，いわゆる「格差原理」すなわち功利主義の想定する「厚生」に代えて，「所得と富，移動と職業選択の自由，自尊の社会的基礎」といった個人の価値追求に有用な資源である「社会的基本財」の配分に焦点を絞り，最も困窮している人々に提供される基本財が最大化されることが公正な資源配分とするマクシミン原理を主張した[13]。

ロールズが主張したマクシミンの「格差原理」を国際的に適用しようとすると地球規模での再配分が考えられよう[14]。

第4節　定常経済の倫理

こうした世代間衡平性やさらに一般的な「分配の正義」を巡る議論をみても，'持続可能な社会'へのシナリオが論理的に導かれるのは難しい。しかし，少なくとも将来世代に配慮し，'持続可能性'を忖度するのであれば，現代世代の資源消費と環境汚染に一定の総量規制を課すことが不可避である。京都議定書の経緯にみられるように，総量規制の水準決定には技術的にも政治・経済的にも困難が多いが，「持続可能な世界」を真摯に追求するならば，実現していない将来の技術進歩への期待によって現代の生産・消費を許容する「相対主義」は根拠なき楽観論といえるだろう。地球の有限性への「絶対主義」の視点に立ち，かつ「技術進歩」をとり入れた考え方に「定常経済」モデルがある。定常状態にはしばしば引用されるミルの次の一文が想起されよう。

『私は富と資本の定常状態を，かの旧学派に属する経済学者たちのあのように一般的にそれに対して示していたところの，あのあらわな嫌悪の情をもって，見ることを得ないものである。私はむしろ，それは大体において，今日の我々の状態よりも非常に大きな進歩となるであろう，と信じたいくらいである。自らの地位を改善しようと苦闘している状態こそ人間の正常的状態である，今日の社会生活の様式となっているものは，たがいに人を踏みつけ，押し倒し，押しのけ追い迫ることであるが，これこそ最も望ましい人類の運命であって，決して産業的進歩の諸段階中の一つが備えている忌むべき特質ではない，と考える人々がいだいている，あの人生の理想には，正直いって私は魅力を感じないものである。‥‥‥資本および人口の停止状態なるものが，必ずしも人間的進歩の停止状態を意味するものではないことを，ほとんど改めて言う必要はないであろう。停止状態においても，あらゆる種類の精神的文化や道徳的社会的進歩のための余地があることは従来とかわることがなく，また「人間的技術」を改善する余地も従来と変わることはないであろう。』(J. S. ミル（末永茂喜訳）『経済学原理』岩波文庫第四篇第六章)

ここでミルが資本と人口の一定化が人々の直感とは異なり，人間の進歩の停滞を意味しないことを述べている点は重要である。定常状態経済をさらに考究したデイリーは人口と人工物のストックの2つが一定に維持されるものを定常状態経済[15]とし，その概念の基礎としてストックとサービス，スループットの3つをあげ，これらの関係を

$$\frac{サービス}{スループット} = \frac{サービス}{ストック} \times \frac{ストック}{スループット}$$

とする。ここでストックとは財と人のストックであり，サービスはストックから産出される「精神的所得」ないし満足のフロー，スループットは自然の源から発して，自然のシンクに戻る物的フローでストックの維持再生にも必要なものとされる。ストック一定のもとではサービスは最大化，スループットは最小化されなければならず，右辺第1項はサービス効率を第2項は維持効率を意味する。これからデイリーは成長と発展の相違を，成長は2つの効率の比率を一定にして，ストックとスループットの増加から生じるサービスの増加とし，発展をストック一定のままで効率の比率を増加させることとして，『定常状態経済は‥地球という惑星そのものが，成長することなく発展するのと同じように，発展はするが成長しない』とする。これはミルに沿うものである。さて，

ストックの一定化のためにはスループットを一定にする必要があり，成長による貧困問題の解決をとれない，否とらない以上，それは「分配」問題となり，資源利用・許容汚染量・所得・資産などに制限を付すこと，つまり不平等の制限になる。資源・環境問題には総量規制というマクロ問題とともに，突き詰めれば「誰が生き残るか」というバイオエッシックスにかかわるミクロの問題がある。

先進国・途上国間では，資源・環境問題の「責任」を巡る見解の対立がある。途上国側からすれば，先進国はこれまで化石燃料など多くの資源を途上国に依存しながら利用し，公害を排出しながらその経済的優位を築き，資源枯渇と環境悪化をもたらしたのだから，応益原則に立って先進国が受益者負担すべきだ・・エコロジカル・フットプリントの警鐘にあるように，アメリカ並みの生活水準を全世界が享受するには地球が4個も必要であるから，「持続可能な世界」のためには先進国の生活水準切下げが必要である・・といった議論になる。

他方，先進国側は72年の第1回国連人間環境会議の人間環境宣言で「開発途上国では環境問題の大部分が低開発から生じている・・」としたように，環境問題を貧困問題の結果とする見解に立ち，いわゆる環境クズネッツ曲線，即ち低開発の状態から出発して1人当り所得が上昇すると環境汚染が悪化していくが，ある所得水準を過ぎると環境汚染が改善を始めるというものに依拠して，先進国責任論を回避し，先進国の経済活動水準の低下は途上国の輸出や途上国への投資・援助を減少させ結局は途上国の経済と環境を悪化させると主張しよう[16]。

どのような「分配」が望ましいか，主流派経済学の分配理論はパレート最適性と補償原理をこえた判断基準をもたない。標準的教科書がとりあげるのもバーグソン・サミュエルソン型の効用関数 $U = U(x)$ という，個人の効用はもっぱら個人利得に依存するといった個人主義的なものであり，そうした前提に立つ限り上述の判断を超えたものは得られないであろう。近年活発化している行動契約理論ではそうした効用関数に代えて，

$$U(x,y) = x - \alpha \max[y - x_i] - \beta \max[x - y_i] \quad \alpha \geq \beta \quad \beta \leq 1$$

といったものもみられる[17]。これは効用が自己の利得だけではなく他者の利

第2章 '持続可能な世界'と定常経済の倫理　39

得との格差にも依存するとするもので、右辺第1項がバーグソン＝サミュエルソン型効用関数ないし、サンデルが自由主義における個人概念の「空虚さ」を批判する文脈で提起した「負荷なき自我」の立場を表象するのに対し、第2項は利他的効用、換言すれば「埋め込まれた自我」の立場からの寛容・連帯の社会規範を示しているといえよう。さらに第3項は羨望いわゆる「羨望のない状態としての衡平性」[18]——パレート効率性と羨望のない衡平——の衡平条件を示唆するとも解釈できる。こうした効用関数が厚生経済学第一命題を超えた規範的経済学への展望を拓く可能性が期待されるが、こうした効用関数を受容するかどうかは価値観、結局は倫理の問題となる。

　ある「公正な分配原理」を世界が受容することは容易ではないが、資源利用・環境汚染の歴史的不平等から「公正」を考えることは、とりもなおさずより広く歴史的要因をもつ南北格差の是正を考えることにつながる。ところで「格差原理」を説くロールズが意外にも福祉国家を批判したのは、その「正義」が自尊概念を通じて公正な協同的システムを実現するためには消極的救済としての社会保障から、人間の能力を開発する積極的なそれへの転換を求める意味があったためである[19]。これはギデンズの『第三の道』にも通底する見解であるが、定常経済における先進国から途上国への配分にはこうした意味で、これまでの消極的なセーフティ・ネットから積極的な国際的協同システム構築への目標の転換が求められよう。国際的分配原理が理論的規範を持たないとすれば、「持続可能な世界」のために国際的分配を積極的に受容する倫理なしには、資源枯渇化・環境劣化の責任とその負担を巡って、南北間は不毛な対立を続けることになってしまう。勿論、南北間に限らず、先進国間でさえ京都議定書を離脱したアメリカのような事例も生じる。

　このように「持続可能な世界」の実現には'成長神話'を捨てて定常経済を受容れ、世代間衡平性と地域間の公平の二つを充たすという困難な課題が課せられる。

　そもそも資本主義には、ケインズ的な表現によれば、「穴を掘って、埋め戻す・・」という'無駄'でも景気を刺激する効果があるし、未だ使える自動車を次々に買い替える方が経済成長につながる、あるいは「イヌイットの人たちに冷蔵庫を買わせることがマーケティングの極意」という究極な表現もあるよ

うに，それは資源の効率的利用を保障しない。資本主義は人々の心に欠乏という危機感を持たせることがそのダイナミズムの起点でもある。97年の経済危機後にタイでは「知足経済」が叫ばれたが，「足るを知る」ことは資源・環境問題の根源的課題でもある。

このように「持続可能な世界」は論理を超えた倫理の問題として提起されていると言えよう。

注
1) 排出権取引導入を含め，環境政策上画期的なものであることは言うまでもない。
2) 加藤（2006），30ページ。
3) デイリー（2005），13ページ。
4) 加藤（2006），30ページ。
5) http://www.tnsij.org/
6) ウィルソン著，山下篤子訳『生命の未来』角川書店，2003年，51ページ。
7) メドウズ・ランダース著，茅陽一監訳『限界を超えて』ダイヤモンド社，1992年，55-56ページ，268ページ。
8) Conrad（1999），pp.9-16. なお，一般均衡による定式化にはPezzey（1992）などがある。
9) こうしたことからコンラッドは定常状態における最適解を求める決定論的な「持続可能な発展」よりも，確率的モデルによる適応型管理，例えば増殖が確率的であるときの収穫量決定を資源ストック量の危機的水準からの超過によって決定するエスケープ規制を推奨し，確率的変動と共進化をもつ自然環境と経済社会システムという動学的システムに対応した「持続可能性な発展」を新たな定義に代えた，「適応型発展」を望ましいとしている。
10) Kの減少に従ってYの絶対量は減少，可採年数は不変となる。
11) 岩本康志他編（2006），160-161ページ。
12) 宇佐美誠「将来世代・自我・共同体」一橋大学（2004），『経済研究第55巻』。
13) Rawls（1971）アマルティア・センはロールズの「基本財」を批判し，「効用」や「基本財」に代えて，個人の存在自体を構成する要素である機能の組み合わせ集合である潜在能力（ケイパビリティー）を提示しているが，ここでの議論の論旨から外れるため，取上げない。
14) ただし，ロールズ自身は「格差原理」の国際的適用に同意していない。ロールズの見解はコスモポリタニズムに立つものではない。彼の「万民の法」Rawls（1999）の概念は正義の基本原理で統制された社会を単位として，社会の安定のためにそうした社会間「正義」を規定する原理であって，社会間での「格差原理」による配分を求めているわけではないからである。また「格差原理」の世代間適用は当初世代の不遇を後世代からの移転で埋め合わせることはできないことから，論理的一貫性を損なうという指摘もある。
15) エコエコノミーを提唱するレスター・ブラウンはエコエコノミーの輪郭を化石燃料ではなく太陽エネルギーと地熱エネルギーによる経済であり，炭素ではなく水素を基礎にするとしている。
16) もっとも，例えば熱帯雨林の喪失には先進国企業の開発によるものもあるが焼畑農業によるものもあり，既に92年の地球サミットでは環境問題の責任を先進国の責任論から「共通ではあるが差異のある責任」（リオ宣言第7原則）として途上国責任も盛り込まれている。
17) Fehr, E. and K. M. Schmidt. (1999), "A Theory of Fairness, Competition, and Cooperation," *Quarterly Journal Economics*, 114, pp.817-868.
18) Varian, H. R. (1974), "Equity, Envy and Efficiency," *Journal of Economic Theory*, vol.9,

issue 1, pp.63-91.
19) 塩野谷 (2004), 50-51 ページ。

参考文献

Conrad, Jon M. and Colin W. Clark (1987), *Natural resource economics Note and probrems*, Cambridge, Cambridge University.
Conrad, Jon M. (1999), *Resource Economics*, Cambridge, Cambridge University Press.
Daly, E. H. (1996), *Beyond Growth The Economics of Sustainable Development*, Boston, Mass.: Beacon Press. (新田功・蔵本忍・大森正之訳『持続可能な発展の経済学』みすず書房, 2005 年。)
Pezzey, J. (1992), *Sustainable Development Concepts: An Economic Analysis*, Washington D.C.: World Bank.
Rawls, J. (1971), *A Theory of Justice*, Cambridge, Mass.: Harvard University Press. (矢島欽次監訳『正議論』紀伊国屋書店, 1979 年。)
Rawls, J. (1999), *The Law of Peoples with "The Idea of Public Reason Revised"*, Cambridge, Mass.: Harvard University Press. (中山竜一訳『万民の法』岩波書店, 2006 年。)
Roemer, J. E. (1996), *Theories of Distributive Justice*, Cambridge, Mass.: Harvarad University Press. (木谷忍・川本隆史訳『分配的正義の理論：経済学と倫理学の対話』木鐸社, 2001 年。)
荒岱介 (1998),『行動するエチカ』社会思想社。
淡路剛久・植田和弘・川本隆史・長谷川公一編 (2006),『持続可能な発展』有斐閣。
岩本康志・太田誠・二神孝一・松井彰彦編 (2006),『現代経済学の潮流 2006』東洋経済新報社。
加藤尚武 (2006),『新・環境倫理学のすすめ』丸善。
後藤玲子 (2002),『正義の経済哲学』東洋経済新報社。
塩野谷祐一・鈴村興太郎・後藤玲子編 (2004),『福祉の公共哲学』東京大学出版会。
鈴村興太郎編 (2006),『世代間衡平性の論理と倫理』東洋経済新報社。

（吉竹　広次）

第 3 章
環境と人口問題

　人口増加が人間の生存にかかわる問題として広く認識されるようになって久しいが，人口の規模や人口増加それ自体が問題なのではない。人口の増加や減少が原因で，地域に暮らす人々あるいは世界全体に生存する人類にとって，何らかの不都合が生じる時，人口問題として把握されることになる。不都合の諸相はきわめて多様であるが，端的な例は，人口増加が食糧不足や環境劣化などを引き起こす場合であろう。

　世界人口は2006年に65億に達した。そして，現在も年に約1.2%のペースで増加し続けている。すなわち，1年間にほぼ8000万人，毎日20万人あまり増加している。また，見方を変えれば，東京都とほぼ同じ人口が2カ月ごとに現出し続けているということである。ただし，こうした急激な人口増加が起こったのは，人類史的な観点から見れば極めて近年のことである。世界人口の年平均増加率が1%を超えたのは20世紀に入ってからであり，過去数千年の間世界人口の増加率がそれを超えることはなかった。

　本章では，環境と人間，特にその集団としての人口がきわめて密接な関係を持つという事実を最も基本的で重要な認識とし，それらの相互作用の結果として環境問題と人口問題が生じたという問題意識のもとに，人類生態学の視点から整理・検討する。人類史的に見れば，人間は常に環境を利用し，自らの生活と生存の安定を目指して，活動してきたといえる。その過程は人為環境の形成と発展の歴史とも捉えることができる。現在私たちが抱える地球規模の環境問題と人口問題は20世紀半ば以降に顕在化してきたといえるが，その原因が人為環境の形成と発展の延長線上にあることは変わらない。人為環境の形成という人間の活動の程度とそれに基づく人口の規模が20世紀半ば以降，きわめて増大し，地球規模の問題に到ったということである。

以上のような問題意識から，第1節では問題把握のための共通理解として，主要な人類生態学的事項の基本的概念を簡単に確認し，歴史的視点から人間と環境の関係を論じる。人為環境の形成と環境利用，および環境問題は具体的にはきわめて多様である。環境問題に関して言えば，さまざまな地域環境問題と地球規模の環境問題が生じていることは言うまでもない。この小論では網羅的にそれらを扱うことはできない。本章では，エネルギー消費量を1つの例として取り上げる。第2節では人口増加について論じる。ここでは世界人口と地域人口について扱う。地域人口については，1970年代後半から1980年代半ばのインドネシア，ジャワ島西部のスンダ農村での具体的な地域研究を踏まえて，その人口と環境について論じる。

第1節 人口と環境

1. 環境収容力の概念をめぐって

人口と環境の関係はいくつかの視点からアプローチできるが，この関係に関連して筆者が最も重要と考えるのは，環境収容力（carrying capacity，人口支持力ともいう）の問題である。環境収容力に関してはさまざまな議論があるが（例えば，コーエン，1998），ヒト個体群，すなわち人口に関してごく簡単に表現すれば，ある環境の下で安定的に維持できる最大の人口規模がその環境の環境収容力という概念であると言えよう。環境の把握にはさまざまなレベルの範囲を設定することができるが，その最もマクロな把握水準は世界全体であることは言うまでもない。環境収容力を実際に算出することはなかなか難しいが，それはその環境から得られる食糧や利用できる資源，それらの配分のあり方，その他のさまざまな要素・要因によって決まると言える[1]。

冒頭で触れた人為環境の形成と発展の歴史は，人口規模に反映され，2000年ほど前の世界人口が2～4億であり，現在（2006年）65億ということは，地球の人口支持力を人間が自らそのように変えたと言えよう。人口増加と人口問題については後述するが，増大する人口が環境を破壊したり，資源を枯渇させれば，環境収容力が低下するということを確認しておきたい。環境収容力が

低下し，人口がそれを上回れば，極めて強い環境抵抗（environmental resistance）[2]が働き，人口が環境収容力の水準まで減少することになる。また，環境収容力が維持されている場合，あるいは徐々に上昇している時に，人口増加の勢いが強いために人口が一時的にその環境収容力を超えてしまう場合もある。こうした場合も同様に極めて強い環境抵抗が働く。現実にこうしたことが起これば，極めて悲惨な状況が現出することになる[3]。世界人口の適正規模を知ることは極めて難しいが，それは社会経済システムを含め，私たちの生活のあり方によるとも言える。

2．生態系と環境問題

　生態系（ecosystem）の構造と機能を，充分とは言えないが強いて簡潔に表現するならば，太陽エネルギーを根源とする生物学的エネルギーの流れと物質循環が織り成すシステムと言えよう。このように生態系はきわめてダイナミックなシステムであるが，一方で安定したシステムでもある。すなわち本来，動的平衡状態にあるシステムである。一例として二酸化炭素の循環を取り上げると，二酸化炭素の循環は他の物質と同様複雑であるが，地球上の各部分に存在する量は恒常的に安定しているのが本来の生態系（自然生態系）の姿である。大気中の二酸化炭素量に注目してみると，それが安定しているのは，大気中から他の部分（海洋や植物など）に出てゆく量と他の部分から入ってくる量がほぼ同一であるからである。このインプットとアウトプットのバランスが崩れれば，環境問題が生じることになる。人間が化石燃料を採掘し，使用すれば，また大規模な森林伐採を行なえば，大気中への二酸化炭素のインプットは増加し，大気からのアウトプットを上回ることになる。大気中の二酸化炭素の動態は一例に過ぎないが，現在生じているさまざまな環境問題の多くは人間の活動が原因となっている生態系の人間化によるといえる。

3．エネルギー消費量の推移

　人類史の各ステージでのエネルギー消費量を推定している Cook（1971）によれば，100万年前，東アフリカに暮らしていた初期の人類，アウストラロピテクスの1日1人当たりのエネルギー消費量は2000kcal ほどである。この値

は食物として1日に摂取するエネルギー量にほぼ一致する。すなわちこの当時の人類のエネルギー消費量は，ほとんど食糧のみであり，エネルギー消費に関して基本的には他の哺乳動物と変わらない生存様式であったことになる。当時を含め人類はその起源から1万年ほど前までの人類史の99％以上の時間を狩猟採集という生計活動にのみ依存して暮らしてきた。この間，道具の発達や火の使用などによって，エネルギー消費量は漸増したが，ほぼ自然生態系の一員としての生態的地位を占めていたことになる。因みに，10万年ほどまえのネアンデルタール人のエネルギー消費量は火の使用による調理などに用いたエネルギーが加わったが，それでも5000kcalほどである。

　人類が農耕を開始したことは，自然生態系を人間化してゆくことになる大きな第一歩と位置づけることができる。紀元前5000年頃の農耕民の場合，家畜の農耕への利用などが加わり，エネルギー消費量は1万2000kcalである。西暦1400年ころの北西ヨーロッパの農耕民では，石炭の利用，水力，風力，家畜による運搬などが加わり，2万6000kcalへと増加している。

　人類の生存様式にとって，農耕の開始と同様あるいはそれ以上に画期的な変化をもたらしたのは，産業革命であろう。産業革命はエネルギー消費量を著しく増加させることになった。19世紀後半のイギリス人のエネルギー消費量は1日1人当たり7万kcalに達している。そして，1970年のアメリカ合衆国では23万kcalに達している（Cook, 1971）。

　エネルギー消費量の人類史的な推移は，以上のように概観できるが，つぎに1971年以降の一次エネルギーの消費量を検討したい。第3-1表は，世界全体あるいは各地域，国別の年間の1人当たりエネルギー消費量（石油換算トン／人）（日本エネルギー経済研究所 計量分析ユニット，2007）に基づき，1人1日当たりのエネルギー消費量をキロカロリー単位で算出し，世界全体，地域別，国別に示したものである。国別では，2004年の時点で消費量の多い国の順に示してある。1971年以降近年までの推移，あるいは地域的なエネルギー消費量の変動について幾つかの特徴が読み取れる。北米の消費量が極めて多く，2004年の時点で見ると1人1日当たりの消費量は，アフリカの20倍以上であること，1971年から2004年の間に，ヨーロッパを除くすべての地域で一貫して増加したこと，ヨーロッパでは1990年から2004年にかけて減少したこ

第 3-1 表　世界あるいは地域・国別の 1 人 1 日
当たりの一次エネルギー消費量の推移

(単位：1000kcal)

	1971 年	1990 年	2004 年
世界	36	41	44
北米	207	211	218
中南米	17	24	28
ヨーロッパ	77	100	92
アフリカ	6	9	10
中東	21	49	71
アジア	9	16	24
オセアニア	103	135	151
カナダ	179	206	230
アメリカ合衆国	210	212	217
オーストラリア	111	141	158
台湾	19	65	125
フランス	87	110	125
韓国	14	59	121
ニュージーランド	69	109	119
ドイツ	108	123	116
日本	70	99	114
イギリス	103	101	107
イタリア	58	72	88
マレーシア	12	32	59
メキシコ	23	41	44
タイ	5	15	35
中国	8	16	29
ブラジル	9	17	22
インドネシア	2	9	16
フィリピン	6	8	11
ペルー	12	9	11
インド	3	6	9
ベトナム	5	2	9

(資料)　日本エネルギー経済研究所　計量分析ユニット編 (2007),「エネルギー・経済統計要覧」から作成.

となどが分かる。国別に見ると，先進国と途上国の間で大きく違うこと，途上国の中には 1 日 1 人当たりの消費量が 19 世紀のイギリス人より低い水準にあることがわかる。また，世界全体で見ると，1 人 1 日当たりのエネルギー消費量が 1971 年の 3 万 6000kcal から 2004 年に 4 万 4000kcal に増加したことが分かるが，この間に世界人口は約 40 億から 60 億以上に増加していることにも注

意を払う必要がある。

第2節　人口問題の諸相

1. 世界人口の増加と人口問題

　本章冒頭に述べたが，人口規模や人口増加それ自体が人口問題なのではない。それらが人々の生活や生存に不都合を生じさせることになるときに，はじめて人口問題となる。従って，人口問題の多くは環境との関係で生起するといえる。生産される食糧や入手・利用できる資源あるいはエネルギーなどによって規定される環境収容力——それらはすべて環境に依存している——を人口が超えそうになる，あるいは超えるときに人口問題として把握されることになる。こうしたことは，ある地域人口についても世界人口についてもいえるが，本項ではまず世界人口の歴史的推移を確認したい。

　数百万年に及ぶ人類史の中で，移動・拡散によって地球上のほぼ全域が人類の居住地となったのは，今から2000年ほどまえのことである。太平洋の島々，特にニュージーランドやイースター島が最後の進出地であった。この当時の世界人口は2〜4億と推計されている（国立社会保障・人口問題研究所，2006）。第3-2表に世界人口の規模と年平均増加率の過去から現在，そして将来の推計が示されている。世界人口が5億になるのは17世紀半ばと推計されているので，人口が倍になるのに1600年余りかかっている。人口増加の強度は人口増加率によって把握されるが，西暦元年から17世紀半ばまでの世界人口の増加率は，この間一定の増加率であったとすると，年平均人口増加率は0.04%になる（第3-2表では0.0%と示されている）。なお，この年平均増加率（r）は，西暦元年の世界人口を P_0（2.5億），17世紀半ばの世界人口を Pt（5億），この間の年数 t（1650年）とした場合，$r=\ln(Pt/P_0)/t$ で計算されるということに基づいている[4]。

　アジアやヨーロッパ，あるいはアフリカなど個別の地域人口を検討すれば，増加率の地域差は見られるが，世界全体としてみれば，この間極めて緩慢な，あるいはほとんど増加していないと表現してもいいような程度の増加率であっ

第3-2表　世界人口の推移：紀元前～2050年

年次	人口（100万人）	年平均人口増加率（％）
紀元前7000～600	5～10	
西暦元年	200～400	0.0
1650	470～545	0.0
1750	629～961	0.4
1800	813～1,125	0.4
1850	1,128～1,402	0.5
1900	1,550～1,762	0.5
1950	2,519	0.8
1955	2,757	1.81
1960	3,024	1.85
1965	3,338	1.98
1970	3,697	2.04
1975	4,074	1.94
1980	4,442	1.73
1985	4,844	1.73
1990	5,280	1.72
1995	5,692	1.51
2000	6,086	1.34
2005	6,465	1.21
2010	6,843	1.14
2015	7,219	1.07
2020	7,578	0.97
2025	7,905	0.85
2030	8,199	0.73
2035	8,463	0.63
2040	8,701	0.56
2045	8,907	0.47
2050	9,076	0.38

（資料）　1990年以前は，UN, *The Determinants and Consequences of Population Trends*, Vol.1, 1973 による。1950年以降は，United Nations, *World Population Prospects: The 2004 Revision*（中位推計）による。
（注）　年平均人口増加率は，率が示されている欄の一つ上の欄の年次から当該欄の年次までの年平均である。
（出所）　国立社会保障・人口問題研究所編（2006）「人口の動向　日本と世界—人口統計資料集2006」14ページ。

たといえる。人間の生活・活動やそれを支える環境の視点から見れば，これ以上の人口増加率を維持しうる食糧生産や環境利用の展開がなかったと考えていい。

　世界人口が現在の人口増加につながる増加を開始したのは，18世紀半ばである。よく知られているようにイギリスで始まった産業革命がその契機になっ

た。人間社会にはじめて産業化した地域が出現し，人間の生活様式が，命名された通り革命的に変化した。1400年頃の中世ヨーロッパ社会の農民の1人1日当たりのエネルギー消費量は2万6000kcalと推計されているが（Cook, 1971），産業革命開始後の1875年のイギリス人の1日1人当たりのエネルギー消費量は，「家事活動・商業」「農業・工業」「輸送」に伴うエネルギー消費量が著しく増加し，7万kcalに達している。

　この時期の人口現象としてきわめて重要な出来事が，人口転換[5]の開始であることは間違いない。人口転換の開始は必然的に急激な人口増加の引き金となる。18世紀半ばの世界人口は8億前後と推計されているが，1900年には16億ほどに増加している。上で述べた計算による，この間の年平均増加率は，0.4%になる。この間世界人口は2倍に増加したが（因みに，西暦元年の人口が2倍になるのに1600年以上かかっていることは上で見たとおりである），この増加に寄与したのは，人口転換が開始・進行したヨーロッパを中心とした先進国である。

　途上国で人口転換が開始するのは20世紀半ば以降である（なお，先進諸国は20世紀半ばまでに人口転換を終了しているが，人口転換の終了は，著しい人口増加が見られなくなることを意味する）。20世紀半ば以降の世界人口の増加の勢いは，未曾有のことであり，1970年ころには増加率が年に2%を超えた。1950年の世界人口25億のうち，先進国の人口は8億（32%），途上国の人口は17億（68%）であった。2006年の世界人口65億のうち，先進国の人口は12億（18%），途上国の人口は53億（82%）である。この間，先進国の人口が4億の増加にとどまったのに対して，途上国では36億増加している。2050年には世界人口は90億に達すると推計されているが，この年の先進国の人口は12億，途上国の人口は78億と推計されている。こうした人口の動向は私たちに，環境収容力や環境抵抗の概念を踏まえた，資源の利用と配分をはじめとする社会経済システムの適正なあり方を模索し，実行することを迫っている。

2．人口圧力と出産抑制：インドネシア，スンダ農村の事例を中心に

　途上国の地域における人口増加とその影響を具体的に捉えるために，インドネシア，ジャワ島西部に暮らすスンダ人の農村の例を取り上げたい。2006年

のインドネシアの人口は2億2550万で（国連人口基金，2006），中国，インド，アメリカ合衆国に次いで世界第4位の人口を擁している。現在までの数十年にわたるインドネシアの人口推移を見ると，オランダの植民地時代に行なわれた人口センサスによれば，1930年の人口は6073万であり，独立後の第1回人口センサスの行なわれた1961年に9702万，1980年の人口センサスでは1億4750万であった。同時期の日本の人口は，それぞれ6445万，9429万，1億1706万であった。1930年には日本の人口より少なかったが，2006年には日本より9700万人余り多くなっている。第3-1図に見るように，インドネシアの持続的な高い人口増加率と日本の人口増加率の低下に伴って，近年までその差は急速に拡大してきた（高坂，1987）。

　第3-1図からも分かるようにインドネシアは1960年代以降急激な人口増加を経験している。1961～1971年，1971～1980年の年平均人口増加率は，それぞれ2.1％，2.3％で，人口増加率としてはきわめて高い値を示した。このようなきわめて高い人口増加率の背景は，高い出生力であった。1975～1980年の合計特殊出生率[6]は4.7で，自然出生力[7]の水準にあったと考えられる。家族計画の浸透とともに，現在まで出生力は低下してきたが（2006年の合計特殊出生率は2.25（国連人口基金，2006）），今後も人口増加は続き，2050年には2億8000万余りになると推計されている。

　ジャワ島は，もともとインドネシアの中でも極めて高い人口密度を維持してきた地域であるが，ここで取り上げるスンダ農村も例外ではなく，1982年の人口密度は1km²あたり980人に達していた。この農村はバンドン盆地を形成する山の中腹に位置する典型的なスンダ農村で，高まる人口密度に対して，コメの増産が図られていた。在来種より短期間で収穫できる新品種の導入，本来利用するには不向きな急斜面の棚田としての利用，マメやイモ類を栽培していた畑の陸稲栽培への転換などが行なわれていた。また，電気の来ていなかったこの村では，日々の燃料を森林から得る薪に依存していたが，高い出生率を背景とした人口増加は，人口圧力として食糧生産の問題や環境問題を引き起こしつつあった。実際，1980年代に入って，雨季に棚田が崩れたり，盆地の平坦部が洪水に見舞われることも起こりだしていた。

　人口増加の直接の要因である出生力の調査の結果，この村の合計特殊出生率

第3章 環境と人口問題　51

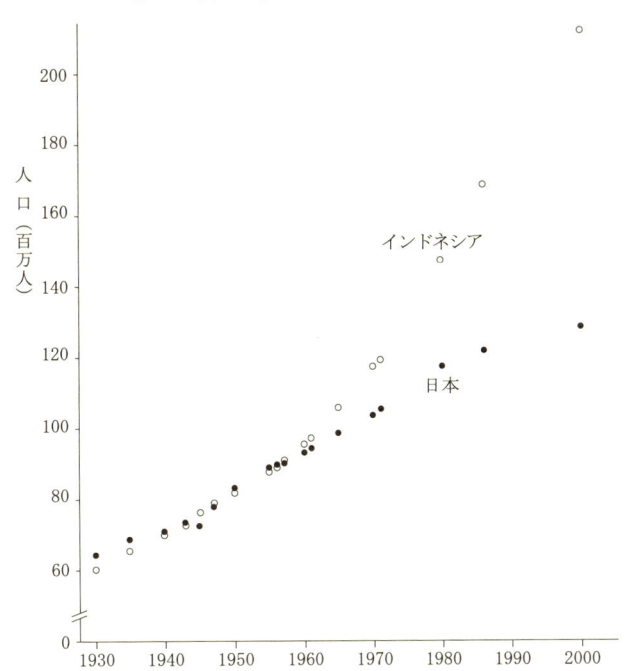

第3-1図　日本とインドネシアの人口推移

（グラフ：縦軸「人口（百万人）」0〜200、横軸 1930〜2000 年。インドネシアと日本の人口推移を示すプロット）

（資料）　1930〜1980年の日本の人口は厚生省人口問題研究所編：人口の動向—日本と世界（人口統計資料集　1985），1985による。
　　　　　1935〜1959年のインドネシアの人口は1930年と1961年のセンサスによる人口に基づき，この間の増加率が一定として算出した。
　　　　　1986年と2000年の人口は日本，インドネシア共に1986ワールド・ポピュレーション・データ・シートによる。
（出所）　高坂宏一（1987）「人口現象から見た健康—人口増加と出生力について」勝目卓朗編『健康とは何か』新興医学出版，28ページ。

は1979〜1983年には6.8，1983〜1984年には4.8と推計された（Takasaka, 1988）。当時，インドネシアでは，家族計画を広く浸透させる活動が盛んに行なわれていた。この村でも1970年代後半にIUD (intrauterine contraceptive device，子宮内避妊器具) を用いる家族計画が導入されたが，ほとんどの村人は，指導員たちによるなかば強制的な圧力があったにもかかわらず，避妊の実行を拒絶した。拒絶の要因をここで分析・検討することは省くが，この村の事例は，国家や国際機関などが，ある出生力水準の達成をめざして直接介入す

ることの難しさを示している(こうした難しさは,少子化に直面している現在の日本や他の先進国が出生率の上昇を意図した場合も同様である)。その後,1980年代半ばになって,ピルが導入されたころから家族計画はようやく受け入れられ始めた。1990年代にはノルプラント(norplant,排卵抑制剤がはいったカプセルを上腕の皮下に埋めこむ)が家族計画の主流になった。家族計画の普及はインドネシア全域でみられ,国全体としての合計特殊出生率は1975～1980年の4.7から1995～2000年には2.6になり,2006年には2.3へと低下した(大塚他,2002)。合計特殊出生率が2.3ということは,純再生産率[8]が1を少し上回るという出生力水準である。詳述は避けるが,一般に合計特殊出生率が2.1程度であると,純再生産率が1になる。純再生産率は世代間の人口比を表すと考えていい(正確には,世代間の女子人口の比)。従って,純再生産率1が続くと,人口は不変になる。1より大きければ増加,1より小さければ減少してゆくことになる。ただし,純再生産率が1あるいはそれ未満になっても,人口増加はすぐには止まらない。人口増加には物理学でいう慣性のような属性が内在している。従って,インドネシアを含め,途上国で家族計画が普及し純再生産率が1(目安として,合計特殊出生率が2.1),あるいはそれ未満に低下したとしても,人口増加が止まるまでに長い年数がかかることになる。このように,長い時間軸で考えなくてはならないことが,人口問題の本質といってもよい。すでに述べたように,インドネシアの合計特殊出生率は2006年には2.3まで低下したが,年平均人口増加率は1.1%であり,2050年には人口が2億8000万を超えることが予測されている。

第3節 むすび

環境と人口は現代の世界を理解するキーワードであろう。ともに地球規模の問題として把握されている。環境問題に関しては,現在ではそれらが人間を含め,あらゆる生物の生存と存続に深刻な危機をもたらす危険性を持っているとの認識が一般化している。人口問題に関しては人口増加や人口の高齢化,あるいは少子化,さらに人口移動と人口の都市集中の問題などがあり,ここでもこ

れらすべてを取り上げるべきであったかもしれないが，この小論で環境問題と人口問題を網羅的に扱うことはできない。幸いなことに多くの研究者グループや機関がこの2つの問題について日々研究成果を公表し，新たな知見が蓄積されている。個々の環境問題や人口問題に関する知見は，そうした成書にゆずりたい。

　環境問題と人口問題を個別に見れば，上記のように整理することができるだろうが，人口と環境はきわめて密接に関連している。現在私たちが選択している社会経済システムは大量生産，大量消費，大量廃棄を基盤に成り立っているが，人口と環境の関係性は私たちがどのように人口と環境を認識し，どのような生存様式を選択するかにかによって決まるだろう。その際役立つ認識の枠組みは，環境よりはむしろ生態系であろう。

注
1) コーエン（Cohen, 1995）によれば，地球の人口支持力のさまざまな推計値の多くは40億人から160億人の範囲にある。また，国連などの将来推計によれば，世界人口は22世紀後半に120億人で安定するとしている。
2) 人口増加を抑制する諸要因をいう。一般に，食糧不足や感染症あるいは戦争など，死亡数を増加させる現象を指すが，それら外的要因に対して，人口増加の結果が人口自体に及ぼす影響（人口密度の上昇や居住空間の過密によるストレス，あるいは妊孕力の低下など）も内的要因として含めるべきかもしれない。
3) 一例を挙げれば，19世紀半ばにヨーロッパを襲ったジャガイモの疫病による大飢饉で200万人の餓死者を出したアイルランドでは，19世紀末までに人口が半減し，400万余りとなった（McEvedy et al., 1978）。
4) 増加率が一定であると，人口が2倍になる期間（doubling time）が一定することはこの式からわかる（3倍になる期間あるいはそれ以上の倍数になる期間もそれぞれ一定する）。人口増加率は一般に，年平均増加率として，例えば1.2%などとして示されるが，その増加の勢いは，doubling timeを併記すると実感しやすいかもしれない。
5) 産業革命以前の人口動態は，どの社会も高い出生率と高い死亡率といういわゆる多産多死型であった。こうした人口動態は高い人口増加率を示すことはない。この状態から死亡率が低下し始めると急激な人口増加が起こることになる。その後，出生率の低下も始まり，最終的には低い出生率と低い死亡率の人口動態，いわゆる少産少死型に達する。この一連の過程を人口転換という。世界で始めて人口転換が開始したのは，18世紀半ばのイギリスであった。この一連の過程を経る期間は国あるいは地域によってさまざまであるが，先進国では20世紀半ばまでに終了している。途上国における人口転換の開始は20世紀半ば以降であるが，その開始時期や進行具合は実に多様である。従って，18世紀以降20世紀半ばまでの世界人口の増加は，主に先進地域での増加であり，20世紀半ば以降現在まで，あるいは将来にわたる世界人口の増加は，主に途上地域におけるものである。
6) ある年の合計特殊出生率は，その年の年齢別出生率を合計した値である（年齢別出生率は女子人口1000当たりで表すのが通例なので，それを1人当たりにして表している）。一般には，1人

の女性が生涯に生む子どもの数の平均値として把握されている。
7) 意図的な出産抑制（避妊と人工妊娠中絶）を行なっていない集団の出生力水準をいう。この水準は，結婚しない女性の割合や離婚・死別する女性の割合，あるいは不妊の女性の割合などに影響されるが，それぞれの集団の平均的な結婚年齢や出産間隔などによって決定される。自然出生力は集団によってことなるが，このレベルが高いことで知られるハテライト（Hutterites）は10ほどである。
8) 合計特殊出生率が年齢別出生率を合計したものであることは，上で説明したが，その際，年齢別出生率の算出に女児数だけを用いたものを総再生産率という。純再生産率は総再生産率の算出に用いられる女児の出生数から出生時の母親の年齢に達する前に死亡する者を除外している。実際の算出は，女性の年齢別死亡率に基づき，出生した女児が母親の年齢まで生存する確率を用いてなされる。従って，純再生産率が1であれば，母の世代と娘の世代の人口が同じになり，1より大きければ母の世代より娘の世代の人口が多くなり，1より小さければその逆になる。

引用文献・参考文献

Cohen, J. E. (1995), *How Many People Can the Earth Support?* W. W. Norton, New York. （重定南奈子・瀬野裕美・高須夫悟訳『新人口論 生態学的アプローチ』農山漁村文化協会，1988年。）

McEvedy, C. and Jones, R. (1978), *Atlas of World Population History*, Penguin Books.

Takasaka, K. (1988), "Fertility and birth interval of women in a Sundanese agricultural community," in S. Suzuki, ed., *Health Ecology in Indonesia*, Gyosei Corporation, pp.165-188.

United Nations Population Fund (2006), *State of World Population 2006*, United Nations Population Fund, New York. （家族計画国際協力財団日本語版製作『世界人口白書2006』家族計画国際協力財団，2006年。）

大塚柳太郎・河辺俊雄・高坂宏一・渡辺知保・阿部卓（2002），『人類生態学』東京大学出版会。

国立社会保障・人口問題研究所（編）（2006），『人口の動向 日本と世界—人口統計資料集2006—』厚生統計協会。

高坂宏一（1987），「人口現象からみた健康—人口増加と出生力について」勝目卓朗編『健康とは何か』新興医学出版社。

日本エネルギー経済研究所 計量分析ユニット（編）（2007），『エネルギー・経済統計要覧』省エネルギーセンター。

（高坂　宏一）

第 4 章

経済発展と環境政策

　2008年より京都議定書にもとづく温室効果ガスの削減が開始された。一方国際的な議論は，一部の国々（条約の付属書Ⅰ国）だけでなく新興国などより多くの国を含む温暖化防止に向けた実現案の構築に向かっている。持続可能な開発と世代間公平・国際公平の問題は20年前の国連ブルントラント委員会以来，国際環境政策の重要な概念となっている。本章では地球温暖化防止を対象として，持続可能性の問題を考察する。

第1節　環境と開発の考え方

1．環境問題の前提

　環境と開発という環境政策問題を考えるあたり，何をすべきかという価値判断を避けて通れないのはもちろんである。さらに加えて環境問題特有の3つの重要な要素を考慮しなければならない。

　第1は将来に対する不確実性である。例えば地球温暖化の将来展望を考察するにあたっても，電気自動車・ハイブリッドカーなど技術の進歩，予測技法の進化，先進国の環境規制や途上国の工業化進展による前提条件の変化など不確実な与件が多い。しかし温室効果ガスが大気中にとどまるのは数十年から数百年にわたるため，不確実性があるからといってすべて明らかになるまで何もしないと，間に合わなくなる。いわば温室効果ガス濃度が急速に高まった後では，環境の不可逆性から元に戻すことは困難であり，かつ長期の時間を有する。不確実性のもとで予防的対応を取る必要があり，国際的な規制を伴うことから合意形成の努力が必要となる。

第2は外部性である。経済的に取引される商品には市場があり価格が決まるが，環境問題で取り扱われる汚染物質には市場が無いため価格決定がなされない。このため排出権市場のような擬似的市場の創設や法的及び経済的手段に基づいた公的介入が必要となる。

第3は公共財の性質である。環境は多くの場合公共財であり，共同消費や非排除性という公共財の性質を有する。例えば地球温暖化は地球全体に及ぶ気候変化であるから，自国だけ温暖化を免れることは出来ない（共同消費）。また自国が温室効果ガスを削減しても他国が温室効果ガスを増やせば地球全体として影響をこうむる。自国だけが温室効果ガスを削減してもペナルティを免れることは出来ない（非排除性）のである。結局市場に任せておくと過少供給となる（温室効果ガスを削減しない）ので，社会的合意を形成して地球全体で努力することが必要となる。

2．環境認識の変化

人類の経済史において産業革命から1960年代頃までは，産業公害問題はあっても環境問題という，自然・経済・産業を含む学際的な認識は薄かった。しかし1960年代から1980年代にかけて，現在の環境問題につながる重要な認識が登場してくる。

それは第1は独立から蓄積・連鎖，第2は開放体系から閉鎖体系，第3は無限から有限，そして第4が対立から両立である。

1960年代前半にRachel Carson（レイチェル・カーソン）の「沈黙の春」[1]が発表された。これは要するに，化学薬品散布は単に独立した公害だけにとどまらず，蓄積や連鎖の過程を通じてやがて春なのに鳥も鳴かない花も咲かない春が来るという，化学薬品散布も核兵器などと同様の重要な問題として提起した。単独の産業公害が，蓄積連鎖過程を通じて環境全体の破壊につながるという認識である。

第2はK. E. Boulding（ボールディング）の「来るべき宇宙船地球号の経済学」[2]であり，過去の時代の経済を「カウボーイ経済」，現代の経済を「宇宙人経済」と捉えて，地球は大きくても宇宙船のような閉じた体系にあるから，生産だけでなく投入量や廃棄量が重要な要素となるので，循環的システムの必要

性を提示した。いわば環境は開放体系ではなく，閉鎖体系として環境構造を構築しなければならない点を主張した。

第3はローマクラブの「成長の限界」3)であり，資源価格変動の問題など分析手法に問題はあるものの，資源や環境が有限であり，その動向が経済発展の制約となることを明示した。

そして第4は国連ブルントラント委員会が「地球の未来を守るために」4)の中で，「持続可能な開発」という概念を使って経済成長と環境保全の両立を提示したことである。経済成長は多かれ少なかれ環境悪化を促進させるとしても，経済成長の果実が環境保全費用を生み出す。大雨の後の川の汚濁がやがて自浄されるように自然環境にはある程度環境復元能力があり，一方再生可能エネルギーの利用や環境負荷が少ない技術の開発により，経済成長が回復不可能な環境破壊を連続させるとは限らない。環境維持と経済成長の最適解を見つける方向性と努力を提言した。

3．2つの公平

国際環境問題に対処するためには2つの公平が解決されなければならない。第1は未来と現在の世代間公平であり，第2は先進国と途上国の公平である。

第1の公平は現代に環境を無視して開発を続けると，未来は環境悪化で開発が出来なくなるという問題であり，解決策としては「持続可能な開発」があり，それは1987年の国連ブルントラント委員会「我ら共通の将来」の中で「将来の世代がその欲求を満たす能力を損なうことなく現在の世代の欲求を満たす開発」として定義されている。

持続可能な開発をはばむ問題は未来に対する不確実性である。地球温暖化問題の場合100年単位での議論が中心であるが，人間のライフサイクルは80年程度であり，企業の経営戦略はさらに短い。温暖化の進行程度など将来に対する不確実性が大きい場合，現在価値重視や短期的利益重視のために核融合や炭素隔離などの長期的な技術開発が進まない恐れもある。国際社会には将来の持続不可能な状態の予測精度を高めて，論理的な警告を発する努力が必要である。

また，適切な環境規制の導入が企業の技術開発と企業利益の拡大をもたら

し，結果的に持続可能な開発を実現するケースもある。マイケル・ポーターは「一国の適切な環境規制は，費用削減・品質向上につながる技術革新を刺激し，国内企業は国際市場において他国企業に対し国際競争力を獲得し，結果的に利益を得る」（ポーター仮説）という考えを示している。例えば自動車排ガス規制において，日本は「日本版マスキー法」とよばれる世界一きびしい自動車排ガス規制を実施し，日本メーカーの技術革新を促進した。これが日本メーカーの国際競争力強化につながり，市場拡大や利益増加を実現した。このように環境規制が企業に利益を与える場合も多い。消費者が環境に厳しい目を持っている限り，環境に優しい企業は利益を拡大出来る。持続可能な開発を促進するためには，環境教育や環境キャンペーンなど環境意識啓発の政策が重要である。政府は環境考慮の理念普及に努めればよく，生産者や消費者の環境に対する使命感が高まれば市場原理を通じて環境保全的な商品が取引される。

第2の公平は現代の開発を規制する場合，先進国と途上国の公平をどうたもつかという問題である。経済発展に伴い近年途上国からの温室効果ガス排出が増大しており，21世紀に入ってからは排出量が先進国を上回っている。温室効果ガス削減による経済発展の権利の代償として，経済援助や技術移転を含む国際協力の在り方が議論されている。

途上国の経済発展に関し過去の先進国の経済発展と公平を保つ場合，短期的に地球環境が悪化する可能性もある。しかしながら途上国の環境悪化は永遠に続くのかという点に関しては，否定的であろう。例えば環境クズネッツ曲線が一種の経験法則を示している。1人当たりの所得増加に従って環境悪化が進行するものの，あるレベルに達すると環境改善に向かう逆U字型の曲線は，過去の事例を良くあらわしている。ヨーロッパでは産業革命期に森林資源を大量消費したが，現在は緑が回復されているし，日本では高度成長以後二酸化炭素排出量や大気汚染などにおいて改善が見られている。環境悪化と経済発展の関係が逆U字型の曲線を描くのは，所得水準の上昇に伴い物的消費の拡大よりも環境保全に高い価値を見いだす消費行動や，経済成長により技術水準も向上するので環境保護の生産技術が普及するなどの理由が指摘されている。

先進国は環境保護技術が確立しているが，途上国は未だ技術形成段階にある。一方国際環境は公共財であるから市場原理のままでは過少供給になりやす

い。先進国から途上国への環境技術協力により，途上国の環境改善が地球環境改善を促進する。

第2節　地球温暖化の国際環境政策

1．温暖化防止の国際的枠組

　国際社会での環境政策は一国内の環境政策と異なり，環境問題の認知や協議の枠組設定（枠組条約）と具体的な行動計画（議定書）の2段階アプローチが基本である。オゾン層保護の場合は1985年のウィーン条約でオゾン層保護の一般原則が決定され（枠組条約），続いて1987年のモントリオール議定書でフロンなどの具体的な削減措置を定めた。地球温暖化防止の場合，1992年採択，1994年発効した気候変動枠組条約で条約の目的や一般原則を設定し，締約国会議（COP：Conference of Parties）を交渉の場とすること，詳細はその後に作成される議定書で決定することとしている。また枠組条約では温室効果ガスの安定化を目標とする，先進国は二酸化炭素の排出量を1990年の水準に戻す，締約国会議で具体的な交渉をおこない，国別の削減目標を示すことなどがまとめられた。

　具体的な行動計画は1997年京都で開催された気候変動枠組条約第3回締約国会議（COP3）で，京都議定書として実現した。その概要は第4-1表に示すが，①温室効果ガスは二酸化炭素，メタン，亜酸化チッソ，及び代替フロン3種（HFC（ハイドロフルオロカーボン），PFC（パーフルオロカーボン），六フッ化硫黄）の合計6種，②1990年の排出量を基準とし2008～2012年に削減を実施，森林等の二酸化炭素吸収を算入する，③条約の付属書Ⅰ国（先進国と市場経済移行国（旧ソ連，東ヨーロッパ）で数値目標[5]）を個別に設定，先進国全体で少なくとも5％削減をめざす，④柔軟性措置（京都メカニズム）としてクリーン開発メカニズム，共同実施，国際排出量取引を組み込む，⑤55カ国以上の国が締結，締結した付属書Ⅰ国の1990年の二酸化炭素排出量が付属書Ⅰ国全体の55％以上，の2つの条件を満たして90日後に発効，などである。京都メカニズムの目的は排出削減のコストを最小化することであり，地球

第4-1表 京都議定書の概要

対象ガス	二酸化炭素，メタン，一酸化二窒素，代替フロン等3ガス（HFC, PFC, SF_6）
吸収源	森林等の吸収源による二酸化炭素吸収量を算入
基準年	1990年（代替フロン等3ガスは1995年としてもよい）
約束期間	2008年〜2012年の5年間
数値約束	先進国全体で少なくとも5%削減を目指す 日本△6%，米国△7%，EU△8%等
京都メカニズム	国際的に協調して費用効果的に目標を達成するための仕組み ・クリーン開発メカニズム（CDM） 　先進国が，開発途上国内で排出削減等のプロジェクトを実施し，その結果の削減量・吸収量を排出枠として先進国が取得できる ・共同実施（JI） 　先進国同士が，先進国内で排出削減等のプロジェクトを共同で実施し，その結果の削減量・吸収量を排出枠として，当事者国の間で分配できる ・排出量取引 　先進国同士が，排出枠の移転（取引）を行う
締約国の義務	全締約国の義務 ○排出・吸収目録の作成・報告・更新 ○緩和・適応措置を含む計画の策定・実施・公表　等 附属書I国の義務 ○数値約束の達成 ○2007年までに，排出・吸収量推計のための国内制度を整備 ○開発途上国の対策強化等を支援する適応基金への任意的資金拠出　等

（出所）　環境省編『平成19年版　環境白書』2007年，ぎょうせい。

　全体で温室効果ガスが削減できればよく削減場所は関係無いことから地域別の削減コスト差を経済的に利用できるようになっている。日本は1998年に署名し，国内の法律や制度を整備した上で，2002年に締結した。その後2004年11月18日にロシアが締結し発行条件を満たしたことから，90日を経て2005年2月16日に京都議定書は発効した。

　温暖化防止の国際協力に関しては，気候変動の周期性（温暖化と寒冷化）と温室効果識別の問題，温室効果ガスと温暖化の因果関係の解明，温暖化影響の

第 4-1 図　二酸化炭素の国別排出量と国別1人当たり排出量

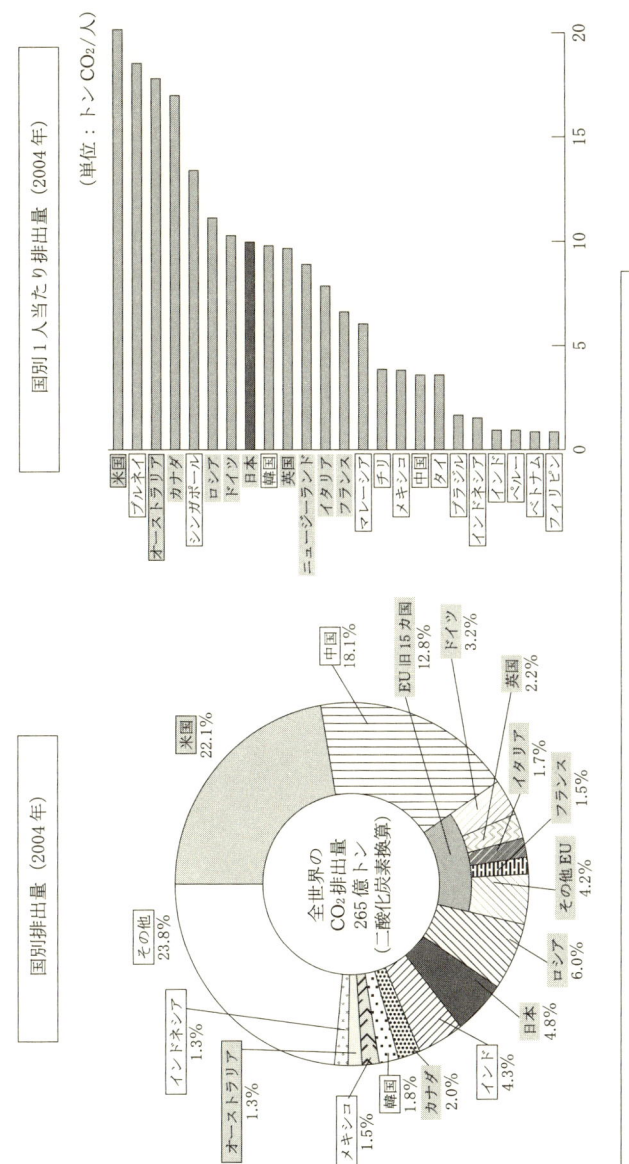

国別排出量（2004年）

国別1人当たり排出量（2004年）
（単位：トンCO_2／人）

全世界のCO_2排出量 265億トン（二酸化炭素換算）

米国 22.1%
中国 18.1%
EU旧15カ国 12.8%
ドイツ 3.2%
英国 2.2%
イタリア 1.7%
フランス 1.5%
その他EU 4.2%
ロシア 6.0%
日本 4.8%
インド 4.3%
カナダ 2.0%
韓国 1.8%
メキシコ 1.5%
オーストラリア 1.3%
インドネシア 1.3%
その他 23.8%

米国、ブルネイ、オーストラリア、カナダ、シンガポール、ロシア、ドイツ、日本、韓国、英国、ニュージーランド、イタリア、フランス、マレーシア、チリ、メキシコ、中国、タイ、ブラジル、インドネシア、インド、ペルー、ベトナム、フィリピン

主な排出国の京都議定書に基づく2008-2012年の約束期間における温室効果ガスの削減義務について

□……削減義務なし
■……削減義務あり　（注：京都議定書を批准していない国は で示した。）

（出所）第4-1表に同じ。

地域格差など，不確実性が依然存在する。しかしながら温室効果ガスは50～200年間大気中に保存されるため，現在不確実でも，因果関係が将来完全に証明された時には温室効果ガスが多すぎて間に合わないため，不確実なもとでも予防的に早めに対応することが必要である。

温室効果ガス削減に関し，留意すべき点がいくつか存在する。第1は削減の成果が決してバラ色では無いことである。近年温室効果ガスは1年当たり30億炭素トン強蓄積されており，IPPC (Intergovernmental Panel Climate Change：気候変動に関する政府間パネル) の予測では2100年までに現在の排出量を8割削減したとしても平均気温は2.5℃上昇する。いわばたくさん削減しても地球環境は良くはならず若干悪化，しかし減らさなければ危機的状況に陥ることから，着実な努力が続けられなければならない。第2は温暖化ガス削減の技術革新や開発に過度に期待すべきではない点である。京都議定書実施で温室効果ガス削減が新たなビジネスチャンスを作り出し技術革新や開発が促進する可能性もあるが，既存技術はかなりの時間で永続性を有する。例えばハイブリット車や電気自動車が登場しても燃料供給システムが追いつかなければ，普及にはおぼつかない。

第3には巨大排出国の削減メカニズムへの取り込みである。第4-1図に示すとおり，世界第1位の排出国アメリカは2001年に離脱し，第2位の中国は未加盟である。さらにインド，メキシコ，インドネシアなど人口規模が大きく，今後の経済発展により急速に排出量が拡大する国も多く存在する。2013年からのフェーズⅡが現在議論の俎上に上げられているが，先進国の削減実績や国際技術協力が途上国を説得する糧となり，環境重視の産業社会をグローバルスタンダードとして伝道する努力が必要である。

2. 国際環境協定の有効性

アジアをはじめ新興工業国では急速な経済成長に伴う環境悪化が危惧されている。しかしながら環境クズネッツ曲線の経験が示すとおり無限の環境悪化の可能性は小さい。さらに環境軽視の輸出拡大は持続可能な開発ではない。世界で環境が重視されてくると市場価格形成において環境費用が内部化されてくる。一方環境軽視の生産市場では依然環境費用は外部化されたままであり，長

期的に交易条件は不利化し窮乏化成長の可能性が高い。

また，国際市場において国別の貿易政策に任せていただけでは国際環境実現はむずかしい。環境軽視の輸出国を規制をすると輸出国は迂回輸出おこない，迂回国を規制するとまた迂回することになり，規制の連鎖が生じる。先進国でも炭素税は導入するが，自国だけ環境基準を厳しくすると製品輸出が不利になることから，国際競争力の観点から多くの国が輸出の場合は免税するなどしている。結局ある程度，国際環境基準を統一しない限り，地球環境改善は困難である。有害廃棄物の越境問題に対処したバーゼル条約を参考に，その拡大版を考える時期に来ているのではないだろうか。

注
1) Rachel Louise Carson, *Silent Spring*, 1962.（レイチェル・ルイス・カーソン著，青樹築一訳『沈黙の春』新潮社，2004年。）
2) Kenneth Ewart Boulding, *The Economics of the Coming Spaceship Earth*, 1966.（来たるべき宇宙船地球号の経済学）
3) Donella H. Meadows, Dennis L. Meadows, Jorgen Randers, William W. Behrens Ⅲ, *The Limits to Growth*, 1972.（ドネラ・H. メドウズ他著・大来佐武郎訳『成長の限界』ダイヤモンド社，1972年。）
4) World Commission on Environment and Development, *Our Common Future*, 1987.（環境と開発に関する世界委員会『地球の未来を守るために』福武書店，1987年。）
5) 主な数値目標については，ポルトガル＋27％，ギリシャ＋25％，フランス0％，イギリス－12.5％，ドイツ－21％，EU合計で－8％，ロシア0％，ポーランド－6％，オーストラリア＋8％，カナダ－6％，日本－6％，アメリカ－7％，などである。

（小野田　欣也）

第 5 章

地球温暖化問題とポスト京都議定書

　地球温暖化防止に向けた国際的な動きが活発化している。地球規模での温室効果ガス濃度の上昇と平均気温の上昇はもはや許されず，これを抑制するために温室効果ガスの排出量を現在の水準に比べて大幅に削減しなければならない。短期的な課題は，京都議定書の第1約束期間（2008～12年）の目標を達成することである。

　一方，長期的な目標，すなわち，「ポスト京都議定書」と呼ばれる2013年以降の枠組みについての本格的な交渉も始まった。2007年12月にインドネシアのバリで開催されたCOP13（国連気候変動枠組条約第13回締約国会議）では，「バリ行動計画」が採択され，中長期の大幅削減が必要であることの認識が得られた。しかし，どのレベルで気温の安定化と温室効果ガスの削減を目指すかについては，2050年までの半減目標が国際的な議論の潮流になりつつあるものの，まだ具体的な合意を得るまでには至っていない。

　地球温暖化防止に向けた日本の取り組みは，一言で言うと非常に甘い。京都議定書の6%削減目標の達成も危ぶまれている中で，日本は，ポスト京都議定書に対してどのように取り組んでいくべきか。

　以下，本章では，地球温暖化問題に関して，2013年以降の枠組みをめぐる動きとその問題点，日本の直面する課題について展望してみたい。

第1節　地球温暖化の科学的知見

　地球温暖化問題に対する国際社会の関心が急速に高まってきたのは，温暖化の影響が具体的に現れ始めてきたからである。IPCC（気候変動に関する政府

間パネル）が2007年に公表した第4次評価報告書で，人為的な温暖化は科学的な事実として確定された[1]。

　地球温暖化は，自然界で吸収される量を超える温室効果ガスが人為的に放出されることにより，大気中の温室効果ガスの濃度が高くなることで起きる。温暖化の自然科学的な根拠についてまとめた第1作業部会報告書（2007年2月）によれば，20世紀を通じた海面水位の上昇は約0.17m（0.12～0.22m）で，温暖化による雪氷の融解がその主な原因とされる。2005年の大気中の温室効果ガス濃度は379ppmと，産業革命以前の約1.4倍になっており，2005年までの100年間で，地球の平均気温は0.74℃（0.56～0.92℃）上昇した。

　そして，こうした気候変化は，人間活動，すなわち，人為的な温室効果ガスの増加によってもたらされたというのである。今後も世界経済が化石燃料に依存しながら高い経済成長を続けるならば，21世紀末の平均気温は20世紀末に比べ，約4.0℃（2.4～6.4℃）上昇すると予測されている。

　また，温暖化による影響などについて取りまとめた第2作業部会報告（2007年4月）によれば，今世紀半ばまでに，干ばつの影響を受ける地域の面積が増加し，大雨の発生頻度の増加により海洋もしくは河川からの洪水のリスクが高まると予測されている。また，世界の食糧生産は，地域の平均気温の上昇が約1～3℃までなら増加するが，これを超えると減少に転じるとされている。このように，地球平均気温の上昇が1990年比で1～3℃未満であれば，部門と地域により，便益と損失が混在するが，気温の上昇が1～3℃以上である場合には，すべての地域において正味の便益の減少もしくは損失の増加のいずれかを被る可能性が高い。

　緩和（排出削減）策について取りまとめた第3作業部会報告（2007年5月）は，大気中の温室効果ガスをより低いレベルの濃度で安定化させるためには，この20～30年に温室効果ガスの排出を減少傾向に転じさせ，2050年までには大幅な削減を行うことが必要であり，今後20～30年間の緩和努力が不可欠であるとしている。すなわち，温室効果ガス濃度（CO_2換算），予想される気温上昇，CO_2排出量がピークを迎える年，2050年におけるCO_2排出量（2000年比）などについて，6つのカテゴリーに分類した安定化シナリオ（第5−1表）によると，産業革命以前からの気温上昇を2.0～2.4℃以内に抑えるためには，

第 5-1 表　安定化シナリオにおける気温上昇と排出量の関係

カテゴリー	CO_2濃度	温室効果ガス濃度（CO_2換算）	産業革命からの気温上昇	CO_2排出量がピークになる年	2050年のCO_2排出量（2000年比）
	ppm	ppm	℃	年	%
I	350〜400	445〜490	2.0〜2.4	2000〜2015	−85〜−50
II	400〜440	490〜535	2.4〜2.8	2000〜2020	−60〜−30
III	440〜485	535〜590	2.8〜3.2	2010〜2030	−30〜+5
IV	485〜570	590〜710	3.2〜4.0	2020〜2060	+10〜+60
V	570〜660	710〜855	4.0〜4.9	2050〜2080	+25〜+85
VI	660〜790	855〜1130	4.9〜6.1	2060〜2090	+90〜+140

（出典）　IPCC 第 4 次評価報告書第 3 作業部会報告書より環境省作成。
（出所）　『環境・循環型社会白書平成 19 年版』8 ページ。

2050 年における世界全体の CO_2 排出量を，2000 年と比べて 50〜85％削減しなければならない。しかし，今後，新興国などの温室効果ガス排出量が大幅に増加することを考えると，これは非常に厳しい数値であるといえる。

第 2 節　京都議定書の意義と問題点

　地球温暖化問題についての基本的な枠組は，1992 年 6 月にリオデジャネイロで開催された国連環境開発会議（地球サミットと呼ばれる）において採択された気候変動枠組条約（UNFCCC：United Nations Framework Convention on Climate Change）である。この条約に基づき，1997 年 12 月に京都で開催された COP3（The 3rd session of the Conference of the Parties：第 3 回締約国会議）において具体的な温室効果ガスの削減目標を定めたものが，京都議定書（2005 年 2 月発効）である[2]）。地球温暖化防止への国際的な取り組みとして，重要な一歩と位置づけられる。
　京都議定書では，附属書 I 国といわれる先進国が，温室効果ガスの削減義務を負っている。1990 年の排出量を基準に，2008 年から 12 年までの 5 年間（第 1 約束期間）平均で，先進国全体で少なくとも 5％削減するため，各国ごとに数値目標が設定され，例えば，EU は 8％，米国は 7％，日本は 6％というように，各国ごとに数値目標が設定されている。しかし，途上国に対しては，数値

目標による削減義務は課せられていない。なお，対象とする温室効果ガスは，CO_2, メタン，亜酸化窒素，および代替フロン等3ガス（HFC, PFC, SF_6）の6種類である。

京都議定書では，国ごとの削減コストの違いを考慮して，「京都メカニズム」と呼ばれる柔軟性措置として，排出量取引（Emissions Trading），共同開発（Joint Implementation），クリーン開発メカニズム（Clean Development Mechanism）という3つの国際協力のための仕組みが盛り込まれている[3]。2001年10月にモロッコのマラケシュで開催されたCOP7において，京都メカニズムの運用のほか，森林などのCO_2吸収源の取り扱い，途上国への支援，遵守制度など，京都議定書の包括的な運用ルールについて合意（マラケシュ合意と呼ばれる）された[4]。

2005年2月に京都議定書が発効したのを受けて，2005年11月にモントリオールでCOP11と同時に，京都議定書第1回締約国会合（The 1st session of the Conference of the Parties serving as the meeting of the Parties to the Kyoto Protocol: COP/MOP1）が開催され，マラケシュ合意が採択された。これによって，地球温暖化問題への国際的な取り組みは，温室効果ガスの削減に向けて実施段階に移行したといえる。

しかしながら，京都議定書にはいくつかの問題点がある。その最も大きな問題点は，米国と途上国に対して削減義務がまったく課されていないことである。

地球温暖化問題はそもそも，産業革命以来，先進国が温室効果ガスを排出しながら成長してきたことにより発生したものであるから，先進国が排出削減の義務を負うべきであるというのが途上国の主張であり，途上国が開発を犠牲にして温室効果ガスの排出を制限することには強く反対している。

しかし，途上国が削減義務を負わずに，果たして問題は解決できるのであろうか。中国，インドなど新興国の台頭により，温室効果ガスの排出量は急増している。とくに，中国のCO_2排出量は2005年で世界の19.1%，米国の21.7%に次ぐ排出量（2007年には米国を抜く）で，1990年の2倍以上の温室効果ガスを排出している。「共通だが差異ある責任」の原則に基づき，まずは先進国が率先して排出削減の努力をするにしても，途上国の排出量も削減しなけれ

ば，先進国だけで排出削減しても世界全体の排出量を減らすことはできない。

さらに，温室効果ガスの大量排出国である米国が，ブッシュ政権になって，温室効果ガス濃度の安定化という気候変動枠組条約の目標にはコミットするとしつつも，途上国が削減義務を負わないのは不公平であり，また，温暖化対策の経済への負担が大きすぎるとして，2001年3月に議定書から離脱してしまった[5]。このように，途上国が温室効果ガスの削減義務を負っていないことに加え，米国も京都議定書に参加していないため，京都議定書により削減義務が課されている国は，世界の排出量全体の約3割でしかなく，その効果に限界があることは否めない。

第3節　ポスト京都議定書をめぐる動き

京都議定書は，2012年までの温室効果ガス削減しか定めていない。このため，ポスト京都議定書，すなわち，2013年以降の国際的な枠組みをどのようなものにするかが，最重要のグローバル・イシューとなっている。2013年以降の枠組みづくりにとって，もっとも重要なことは，世界全体の削減目標の設定である。地球温暖化が危険なレベルに至らない水準の温度上昇や大気中の温室効果ガス濃度から長期的な目標を検討し，それから長期的な温室効果ガスの排出経路を設定した上で，当面の目標や政策を検討することが必要である。

2013年以降の削減目標は，第1約束期間の目標を大幅に上回るものになるであろうが，地球温暖化問題への取り組みに対して最も積極的なのは，EUである[6]。2005年3月のEU首脳会議で，地球の平均気温の上昇は産業革命以前と比べ2℃を超えるべきでないと宣言し，これと前後して開催されたEU環境相会議では，2℃以下を達成するためには，大気中の温室効果ガス濃度を550ppmよりかなり低いところで変化させる必要があるとし，そのためには，世界の総排出量を2020年までに1990年比で15～20％，2050年までに60～80％削減するとの目標を提案している。さらに，2007年3月の首脳会議では，先進国間の合意がなくとも，EU独自に2020年までに温室効果ガスの排出量を20％削減するとの方針を打ち出すなど，EUは，地球温暖化防止に向けた交

渉を主導する姿勢を見せている[6]。

　ポスト京都議定書の枠組みについて，排出量をどの時点に比べて減らすかを示す基準年について再検討する余地はあるが[7]，京都議定書で合意された制度を大幅にモデルチェンジしようとすれば，相当な時間とコストがかかってしまう。むしろ，京都議定書ベースに則って，温暖化対策をさらに強化していくことが賢明な選択である。2013年以降の制度設計は，基本的に，国別総量削減，法的拘束力，遵守制度などの京都議定書の仕組みを引き継ぐものとなろう。

　言うまでもなく，ポスト京都議定書の枠組みの議論を進めるためには，米国と途上国の参加が不可欠である。ブッシュ政権が京都議定書に復帰する可能性はほとんどないが，米国内の風向きは変わりつつある。2005年のハリケーンによる大被害をきっかけに，この問題に対する米国内の関心が高まっており，ゴア前副大統領が温暖化防止を訴えた映画「不都合な真実」がアカデミー賞を受賞したのも，そうした変化の表れといえる。温室効果ガスの排出量を2000年比50%削減するといった数値目標を明記した法案がいくつも米議会に提出されており，また，州政府も，削減目標を設定し，排出権取引を可能にする削減義務を制度化するなど，地球温暖化防止に向けた動きが活発化している[8]。米国の態度に変化が生じている背景には，温暖化ビジネスが大きな市場になりつつある中で，EU主導で排出権取引の制度や市場形成が先行し，米国が取り残されてしまうことへの危機感もある。新しい大統領が誕生する2009年に，米国政府が大きく舵を切る可能性は十分にある。

　一方，中国やインドなど新興国の参加についてはそう簡単ではない。中印はともに，温室効果ガスの削減義務は先進国のみが負うべきであるという立場を崩していない。しかし，経済成長が著しく排出量が急増しているこれら新興国を，何らかの形でポスト京都議定書の枠組みに取り込まなければ，実効性のある温暖化対策とはならない。

　こうした中で，2006年6月にドイツのハイリゲンダムで開催されたG8サミット（主要8カ国首脳会議）では，地球温暖化問題が大きなテーマとなり，その合意文書において，「排出削減の地球規模での目標を定めるにあたり，2050年までに地球規模で温室効果ガスの排出を少なくとも半減させることを

含む，EU，カナダおよび日本による決定を真剣に検討する。われわれはこれらの目標達成にコミットし，新興国がこの試みに参加するよう求める」ということが明記された[9]。ポスト京都議定書の枠組みにおいて，米国はもちろん，新興国の参加が絶対条件であり，新興国に言及したことの意義は大きい。

さらに，合意文書では，「2013年以降の包括的な合意がすべての主要排出国が参加して達成されるよう，2007年12月のインドネシアでの気候変動枠組条約締約国会議に積極的，建設的に参加することを全締約国に呼びかける」と書かれている。先進国と途上国が「共通だが差異ある責任」を果たすというUNFCCの原則にもとづき，すべての国が参加するポスト京都議定書の実効性のある枠組みを構築することができるかどうかは，中国やインドなどの新興国をどこまで引き込むことができるかが鍵を握っている。

日本は，2007年5月に「美しい星50」（Cool Earth 50）を発表した。これは，安倍首相（当時）がサミット前に打ち出した日本の温暖化防止に向けた総合戦略である[10]。この中で，日本は，世界全体で2050年までに温室効果ガスの排出量を50%削減するという長期目標を示すとともに，2013年以降の国際的枠組みづくりに向けた3原則，すなわち，第1に，主要排出国がすべて参加し，京都議定書を超え，世界全体での排出削減につながること，第2に，各国の事情に配慮した柔軟かつ多様性のある枠組みとすること，第3に，省エネ技術を活かし，環境保全と経済発展を両立させること，を提言している。これは，「すべての国が参加するためには，初めから高いハードルにしない方が効果的である」との政府の考え方によるものであるが，EUに比べて具体性を欠いた内容は，日本国内での温室効果ガスの排出削減がまったく進まない状況を反映したものだとする穿った見方も多い。

さて，2007年12月にインドネシアのバリで開催された気候変動枠組条約第13回締約国会議（COP13）と京都議定書第3回締約国会合（COP/MOP3）では，IPCC第4次評価報告書などの科学的知見を踏まえて，2013年以降の削減目標と枠組みについて，交渉期限を2009年末までとし，それに至る具体的な作業計画に合意することができるかどうかが，会議の最大の焦点となった[11]。

COP13で採択された「バリ行動計画」では，条約の下に新たに特別作業部会（ad hoc working group：条約AWG）を設置して，2009年末までに，

① 排出削減などの長期目標，② 先進国および途上国の緩和（排出削減）策，③ セクター別アプローチ，④ 森林減少・劣化対策，⑤ 適応策，⑥ 技術移転，⑦ 資金供与などについて検討することになり，米国や途上国を巻き込み，すべての条約締結国による次期枠組み交渉が開始されることになった。なお，当初，草案段階で検討されていた中長期の削減レベルに関する具体的な数値の明記は，米国や日本の反対により先送りされ，最終的な決定文書では，「世界全体での大幅削減が必要であることを認識する」という表現にとどまった。

　一方，2005 年の COP/MOP1 で設置された，京都議定書の下の先進国の更なる約束に関する特別作業部会（議定書 AWG）の第 4 回後半会合では，COP13 における交渉で見送られた数値を明記した文書が合意された。すなわち，米国が参加していない議定書 AWG の合意文書で，IPCC 第 4 次評価報告書の科学的知見に応え，IPCC 報告の最も低いレベルのシナリオを達成するには，今後 10～15 年のうちに世界全体の排出量はピークを迎え，その後 2050 年までに 2000 年比で半減よりはるかに大きく削減する必要があること，さらに，先進国は，2020 年に 90 年比で 25～40％削減が必要であることなどが明記された。この合意は，今後の枠組み交渉に向けて重要な意味を持つ。少なくとも，京都議定書締約国においては，議定書ベースでの大幅削減の方向性がはっきりと示されたからである。

　バリ会議では，条約 AWG が新たに立ち上がり，議定書 AWG と「2 トラック」で交渉を進めることになったこと，これにより，米国と途上国の参加の道が開かれたことで，一定の成果を上げたといってよい。今後，途上国の排出削減に向けた取り組みを確実にまた加速度的に進めていくためには，「バリ行動計画」の中に盛り込まれた，途上国への技術移転や資金供与，投資の拡大など，先進国による支援策を強化していくことがきわめて重要である。

　日本政府は，バリ会議の決定が日本の提案に概ね沿ったものであり，「バリ行動計画」の策定に貢献できたと自画自賛しているが，果たしてそうであろうか。COP13 において，米国は，中長期の具体的な削減目標など，削減義務の方向性や中身を定めるような案には一貫して反対の姿勢をとった。日本は，「すべての国が参加する枠組みを作る」との基本原則に基づき，ひとまず始めることに重点を置き，排出削減の方法に関しては，多様でフレキシブルなアプ

ローチを検討すべきだとして、業種ごとに世界横断的にエネルギー効率を改善する「セクター別アプローチ」や、各国が自由に目標を設定する「プレッジ&レビュー方式」(Pledge & Review) などを提案した。しかし、これは、米国の合意を得ることを強く意識したものであり、中長期の削減レベルの数値を示さず、各国が都合のよい目標のあり方を選べるような案であった。そのため、NGO（非政府組織）から、日本は米国とともに、「バリ行動計画」の策定における抵抗勢力として合意の弱体化に貢献したと皮肉られ、激しい非難を浴びる結果となった[12]。

第4節　日本の今後の対応

地球温暖化防止に向けて日本が取り組むべき当面の課題は、京都議定書における第1約束期間の削減目標を達成することである。2005年4月に閣議決定された京都議定書目標達成計画によると[13]、温室効果ガスの6％削減目標のうち、3.8％を森林吸収源、0.6％を国内対策、残りの1.6％を排出権の購入で達成

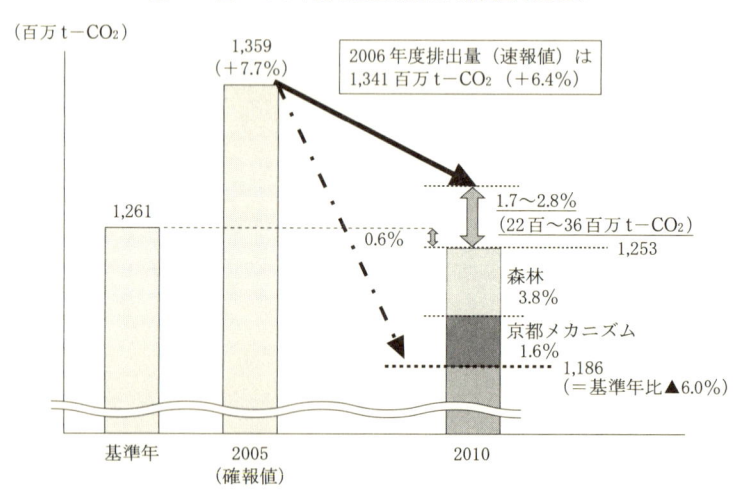

第5-1図　2010年度の温室効果ガス排出量の見通し

（百万t-CO_2）

基準年: 1,261
2005（確報値）: 1,359（+7.7％）
2006年度排出量（速報値）は1,341百万t-CO_2（+6.4％）
2010:
- 1,253（0.6％）
- 1.7～2.8％（22百～36百万t-CO_2）
- 森林 3.8％
- 京都メカニズム 1.6％
- 1,186（＝基準年比▲6.0％）

（出所）『京都議定書目標達成計画（改定案）概要』。

することになっている。しかし，2005年の日本の排出量は，1990年よりも7.7％増加しており，目標達成には13.7％分の削減を必要とするため，達成が危なくなっている（第5-1図）。CO_2排出量の部門別内訳（第5-2表）を見ると，総排出量の約4割を占める産業部門は6％減少しているが，オフィスなど業務部門は45％増，運輸部門は18％増，家庭部門は37％増となっている[14]。また，政府が2007年8月に公表した推計によると，2010年の排出量は目標より最大で2.8％程度上回るとされている。

第5-2表　CO_2排出量の部門別内訳

部門	1990年の排出量（シェア）	2005年の排出量（シェア）	変化率
産業	4.82億トン（42.1％）	4.56億トン（35.2％）	−6％
運輸	2.17億トン（19.0％）	2.57億トン（19.9％）	+18％
業務	1.64億トン（14.4％）	2.38億トン（18.4％）	+45％
家庭	1.27億トン（11.1％）	1.74億トン（13.5％）	+37％
エネルギー	0.68億トン（5.9％）	0.78億トン（6.1％）	+16％
工業プロセス	0.62億トン（5.4％）	0.54億トン（4.2％）	−13％
廃棄物	0.23億トン（2.0％）	0.37億トン（2.8％）	+62％

（出典）　国立環境研究所「日本の温室効果ガス排出量データ」。
（資料）　『環境・循環型社会白書平成19年版』33ページより作成。

　産業部門の削減対策は，日本経団連の「自主行動計画」に大きく依存している[15]。しかし，自主行動計画の削減目標は，各業界の事情に合わせて総量目標でも原単位目標でもどちらでもよいとしているため，仮に原単位目標を達成できたとしても，生産量が増えて総排出量が膨らむ恐れがある。日本が削減目標を達成するためには，拘束力のない自主行動計画にこだわらず，自律的に排出削減が進むような制度づくりを急ぐべきである。削減目標を総量削減とし，国内企業に排出量の上限を設け，上限との過不足を企業間で取引する「キャップ＆トレード」型の排出権取引制度や炭素税（環境税）の導入などが不可欠であるが，経済産業省と日本経団連の反対で，これまで検討課題として先送りされている[16]。このままでは，数字合わせのため，京都メカニズムによる大量の排出権の購入に奔走しなければならなくなる。
　京都議定書の目標達成を，排出権購入で間に合わすことができたとしても，それ自体は長期目標に向けた第一歩にすぎない。地球温暖化防止のために，

2050年までに世界全体で50%以上の削減することが，国際的な潮流となりつつある中で，日本としても更に大きな削減目標を具体的に掲げなければならない時期に来ている。2008年7月の洞爺湖サミットの議長国として，日本が，2013年以降の枠組みづくりに向けた本格的な議論において主導性を発揮できるか否かは，温室効果ガスの大幅削減の方向性と中身をより明確に打ち出せるかにかかっている。

世界が環境のために成長を犠牲にするのではなく，環境と成長の両立を目指すならば，地球温暖化防止に向けて「低炭素社会」への移行は不可避であろう。問題は，低炭素社会にどういう方法で移行していくかであるが，この点で，日本は革新的な技術開発に過大な期待を持ち，排出量自体を削減するための必要な政策を先送りしようとする姿勢が，少なからず見受けられる。将来，革新的な技術が実際に開発されるという保証はなく，不確実な技術を待っている間，無策でいれば危険と損失が増大し，手遅れになりかねない。

地球温暖化に向けた日本の取り組みは極めて甘く，温室効果ガスの削減は進んでいない。それは，企業や個人に排出削減のインセンティブを与えるような政策となっていないからである。産業界による自主的な取り組みが行われているが，この方法では，温室効果ガスをいくらか削減することはできても，低炭素社会への移行を加速する切り札にはならない。低炭素社会への移行を促す経済的な方法は，市場に温暖化防止メカニズムを組み入れること，言い換えれば，「炭素に価格をつける」ことである[17]。そうした意味から，炭素税（環境税），国内排出権取引制度，自然エネルギーの買取補償制度といった政策は，効果的な手段と位置づけられる。低炭素社会に導く制度づくりを避けていては，ポスト京都議定書の交渉での指導力発揮も難しくなる。洞爺湖サミットは，日本の地球温暖化対策を再構築する絶好の機会ではなかろうか。

注
1）第4次評価報告書の各作業部会報告書の内容については，環境省ウェブサイト（http://www.env.go.jp/earth/ipcc/4th_rep.thml）を参照。
2）京都議定書の基本的内容については，『環境白書平成17年版』2-12ページを参照。
3）排出権取引は，先進国同士で排出量の枠を売買する制度。共同開発は，先進国同士が先進国内で排出削減プロジェクトを共同で実施し，その削減分を排出枠として分配できるという制度。クリーン開発メカニズムは，先進国が途上国内で排出削減プロジェクトを実施し，その削減分を排出枠として先進国が取得できるという制度。

4） 争点の不遵守措置については，排出超過分の1.3倍の量が2013年以降の第2約束期間の割当排出量から差し引かれるほか，排出権取引の停止などの罰則が定められた。マラケシュ合意に至った経緯など，京都議定書をめぐる交渉については，浜中（2006）を参照。
5） ブッシュ政権は，2002年2月に京都議定書の代案として，「気候変動政策（Global Climate Change Initiative）」を発表したが，目標は温室効果ガスの排出量ではなくGDP当たりの排出量であり，企業の自主的な取り組みや技術開発等に重点が置かれている。
6） 『世界経済の潮流』(2007年秋)，89-92ページ。
7） 経団連は，「1990年比は日本にとって不利な条件」と主張している。すなわち，日本は石油ショック後，世界に先駆けて省エネを進め，1990年当時のエネルギー効率は世界最高の水準に達しており，「乾いたタオルを絞る」ようなCO_2削減を迫られている，というのである。
8） 『世界経済の潮流』(2007年秋)，93-108ページ。
9） G8ハイリゲンダム・サミットの概要と評価については，外務省（2007a），河野（2007）を参照。
10） 「美しい星50」に関する安倍スピーチの詳細については，官邸ウェブサイト（http://www.kantei.go.jp/jp/abespeech/2007/05/24speech.html）を参照。
11） COP13およびCOP/MOP3の概要と評価については，外務省（2007），気候ネットワーク（2008）を参照。
12） 『日本経済新聞』2007年12月16日付。
13） 京都議定書目標達成計画の骨子については，『環境・循環型社会白書平成19年版』25ページを参照。
14） 『環境・循環型社会白書平成19年版』，33ページ。
15） 日本経団連の「環境自主計画」の詳細については，経団連ウェブサイト（http://www.keidanren.or.jp/japanese/policy/vape/index.html）を参照。
16） 日本経団連（2007a，2007b）。キャップ＆トレードと呼ばれるEU型の排出権取引について，経産省は，ポスト京都議定書の制度設計に乗り遅れるとの危機感を強め，これまでの方針を転換し，環境税の導入も合わせ，排出権取引の検討に入った。一方，産業界は，排出の公平な割り当てが難しいとか，排出権価格の高騰を招いたり，規制を嫌う企業が国外に生産拠点を移したりするなどの懸念があると，導入に慎重である。『日本経済新聞』2007年2月20日付。
17） 植田和弘（2007）。

参考文献
IPCC（気候変動に関する政府間パネル）（2007），『第4次評価報告書統合報告書・概要（公式版）』（http://www.env.go.jp/earth/ipcc/4th/ar4syr.html）
明日香壽川（2007），「豊かさと公平性をめぐる攻防—国際社会はポスト京都にたどり着けるか」『世界』9月号。
植田和弘（2007），「地球温暖化防止への環境経済戦略」『世界』9月号。
大江博（2007），「京都議定書へのリーダーシップ」『外交フォーラム』1月号。
外務省（2007a），「G8ハイリゲンダム・サミット（概要）」（http://www.mofa.go.jp/mofaj/gaiko/summit/heiligendamm07/g8_s_gai.html）
外務省（2007b），「気候変動枠組条約第13回締約国会議（COP13）及び京都議定書第3回締約国会合（COP/MOP3）—概要と評価—」（http://www.mofa.go.jp/mofaj/gaiko/kankyo/kiko/cop13_gh.html）
環境省編（2005），『環境白書平成17年版』ぎょうせい。
環境省編（2007），『環境・循環型社会白書平成19年版』ぎょうせい。

気候ネットワーク（2008）,『バリ会議（COP13/CMP3）の結果について』（http://www.kikonet.org/theme/archive/kokusai/COP13/COP13CMP3.pdf）
久保はるか（2006）,「気候変動政策の将来枠組みをめぐる日本の政策形成過程」『国際問題』No.552。
経済産業省編（2007）,『エネルギー白書 2007 年版』山浦印刷。
河野雅治（2007）,「独ハイリゲンダム・サミット――その成果と課題」『世界経済評論』8 月号。
内閣府政策統括官室編（2007）,『世界経済の潮流』（2007 年秋）。
西村六善（2006）,「気候変動問題をめぐる国際協力の現状と課題」『国際問題』No.552。
日本経団連（2007a）,「京都議定書後の地球温暖化問題に関する国際枠組構築に向けて」（http://www.keidanren.or.jp/japanese/policy/2007/033.html）
――（2007b）,「ポスト京都議定書における地球温暖化防止のための国際枠組に関する提言」（http://www.keidanren.or.jp/japanese/policy/2007/033.html）
浜中裕徳（2006）,『京都議定書をめぐる国際交渉』慶応義塾大学出版会。
山口光恒（2006）,「合意のない気候変動政策の目標と長期戦略（序論）」『国際問題』No.552。
和気洋子（2007）,「地球温暖化問題と国際協調の枠組み」田中素香・馬田啓一編著『国際経済関係論』文眞堂。

(馬田　啓一)

第 2 部

貿易と環境

第 6 章

WTO と環境問題
― 予防的アプローチをめぐる対立 ―

　人の健康，環境問題への関心の高まりに伴って，最近の検疫措置において予防原則の考え方が重視されてきている。予防原則とは，一言で言えば，科学的な立証が十分に得られない場合でも，深刻なリスクを回避する措置をとるべきだという考え方である。1996 年に欧州委員会が狂牛病（BSE，牛海綿状脳症）問題で採った英国からの牛肉輸出禁止措置は，予防原則を適用した有名な事例である。

　しかし，予防原則はその内容があいまいで，各国独自の恣意的な解釈が可能であるため，自由貿易の原則を標榜する WTO（世界貿易機関）がもっとも嫌う「偽装された保護主義」に濫用される危険性がある。このため，WTO においては，遺伝子組み換え食品など，その安全性の評価が確立していない産品の出現をきっかけにして，この予防的アプローチをどのように扱うかが大きな争点となっており，科学的証拠と予防原則のいずれを重視すべきかが問われている。

　多国間環境協定（MEAs）においても，例えば，遺伝子組み換え食品について定めたカルタヘナ議定書では，予防的アプローチにもとづく制限措置が認められているが，詳細については明記されず，その具体的な内容は，今後各国において制定される国内法によることになっている。このため，WTO 協定と MEAs の整合性確保が，予防原則の関連で喫緊の検討課題となっている。

　環境や健康に関わるリスクを未然に防ぐための環境ラベリングは，予防原則に基づく措置の一つといえるが，食品の遺伝子組み換え作物の含有表示義務をめぐる欧米間の紛争事例が示すように，その適用方法によっては非関税障壁となる可能性もある。

本章では，WTO と環境問題の間にいかなる緊張関係が生じているか，予防的アプローチをめぐる対立に焦点を当てながら，(1) 予防原則，(2) 遺伝子組み換え食品，(3) 環境ラベリングの3つの側面から考察してみたい。

第1節　WTO 協定と MEAs の整合性

WTO 協定の理念は，自由かつ無差別な貿易の推進である。一方，MEAs（Multilateral Environmental Agreements，多国間環境協定）は，環境保全の立場から，それと相容れない貿易制限的な取り決めを定めている。MEA の代表的なものとして，たとえば，絶滅の恐れがある動植物の輸出入を規制するワシントン条約（1975年発効），オゾン層を破壊する物質の輸出入を規制するモントリオール議定書（1987年発効），有害廃棄物の輸出入を規制するバーゼル条約（1992年発効），さらには遺伝子組み換え食品の安全性を科学的に立証できるまでは輸入規制できると定めたカルタヘナ議定書（2004年発効）などがあげられる。

しかし，このような環境上の目的を達成するための貿易制限が何らの歯止めもなく発動されれば，自由貿易の原則は成り立たなくなるため，自由貿易と環境保護をいかにして両立させるのかが，大きな課題となっている。ドーハ・ラウンドでは，WTO 協定と MEAs の関係が交渉事項の一つとなったが，WTO 協定と MEAs の関係を整理することによって WTO 協定による環境への配慮をより明確にしたいと考える先進国と，環境保護に名を借りた偽装された貿易制限の拡大を懸念する途上国との間で激しい対立が見られる。

現在，MEAs に基づく貿易措置の適用を WTO 協定と整合的なものにする方法について議論されているが，その調整方法として，例えば，MEAs に基づく義務に従ってとられる措置を GATT 第20条の一般的例外の一つとするといった提案が，先進国から出されている。WTO 協定においては，GATT 第20条を満たしているかぎり，各国政府の貿易制限は WTO 協定と整合的であるとされる。すなわち，GATT 第20条の(b)項は，自国の人および動植物の生命あるいは健康を守るために必要な措置，(g)項は，自国の有限天然資源

の枯渇を防止するために必要な措置について規定しており，これらに該当するかぎり，貿易制限的な措置であっても，WTO協定上は合法的とみなされる。しかし，「環境保護の目的」が例外となることは明確には規定されていない。

GATT第20条の改正により明示的に環境目的の措置を例外扱いとすべきであるとするEUに対して[1]，途上国は，個々のMEAsごとにケース・バイ・ケースで対応すべきであると強く反対しており，さらに，日本は，第20条改正によらずに解釈のためのガイドラインを設けることを提案するなど[2]，各国の意見は大きく隔たったままで，未だ収斂する見通しにない。

第2節　予防原則の意義と問題点

「予防原則」（Precautionary Principle）とは，未だ定まった定義は存在しないが，甚大な環境および健康被害の恐れがある場合，科学的な立証が不十分であっても，貿易制限措置をとることを認めるべきとする考え方である[3]。1992年，ブラジルのリオ・デジャネイロで開催された国連環境開発会議（地球サミット）において採択された「貿易と環境に関するリオ宣言」第15原則が，予防原則に関して最も広く認められた考え方とされている。すなわち，「環境を保護するため，各国はその能力に応じて，予防的措置を広範囲に適用すべきである。深刻なまたは取り返しのつかない被害の恐れがある場合には，十分な科学的確実性がないことを理由に，環境悪化を防止するための措置を遅らせてはならない」と，予防原則の基本理念が打ち出された。

1996年の狂牛病禍，1998年のホルモン牛肉，遺伝子組み換え食品など，食の安全に対する消費者の不安を背景に，EUは，WTO協定において，予防原則を明示的に実行可能なように位置づけるべきと主張しており[4]，WTOにおいて予防原則をどのように扱うかが大きな争点となってきている。問題は，各国政府が発動する予防措置の真の目的が，実は国民の安全と健康を守るためではなく，競争力のない国内産業の保護にある場合である。米国や途上国などは，偽装された保護主義につながる恐れがあるとして予防原則の導入に批判的である。

ウルグアイ・ラウンド合意によって WTO 発足とともに成立した SPS 協定 (Sanitary and Phytosanitary, 衛生植物検疫措置の適用に関する協定) は, 検疫措置の決定に当たっては科学的証拠に基づかなければならない（SPS 協定第 2 条 2 項）とする一方で, 予防原則の適用が一定の条件のもとで認められている。すなわち, SPS 協定第 5 条 7 項は,「加盟国は, 関連する科学的証拠が不十分な場合には, 関連の国際機関から得られる情報及び他の加盟国が適用している衛生植物検疫措置から得られる情報を含む入手可能な適切な情報に基づき, 暫定的に衛生植物検疫措置を採用することができる」と定めている。具体的にいうと, 予防的な観点からの暫定的な検疫措置が WTO 協定に整合的となるために必要な条件は, (1) 関連の必要な科学的証拠（データ）が十分に入手できないこと, (2) SPS 協定に基づく予防措置をとる場合には, 関連の国際機関からの入手可能な適切な情報に基づくこと[5], (3) 当該国が一層客観的なリスク評価のために必要な追加情報を得る努力を行っていること, (4) 暫定的に実施されている検疫措置を, 適当な期間内に再検討すること, の 4 つである。

このように, 科学的証拠が十分でない場合には, 予防原則に基づき暫定的な検疫措置をとる権利が認められている。しかし, 注意しなければならないのは, 予防原則に基づく措置は, 恒久的に認められるものではないということである。予防原則に基づいて検疫措置をとった場合には, 速やかに情報を収集し, リスク評価を実施し, その結果を踏まえて必要であれば, 検疫措置を修正しなければならない。したがって, 予防原則に基づく措置の適用とその後のリスク評価は一体であるといえる。

第 3 節　ホルモン牛肉紛争の争点

予防原則が適用され, 外国からの輸入禁止措置が決定された場合, 輸出国と輸入国の間で当該措置に対する評価や見解が異なると, しばしば貿易紛争に発展する恐れがある。米国と EU のホルモン牛肉紛争は, 予防原則に基づく貿易制限をめぐり WTO で争われた事例である[6]。この紛争は, 1989 年, EU が

第6章　WTOと環境問題―予防的アプローチをめぐる対立―　83

ホルモン剤を投与して肥育された米国産とカナダ産の牛肉を，発ガン性の恐れがあるとして輸入禁止したことに端を発する。輸入禁止措置が予防原則に基づく措置であるとのEUの主張に対して，米国が，EUの措置はWTOのSPS協定に合致しないと反論し，この問題は1996年にWTOに持ち込まれた。

パネル（紛争処理小委員会）は，1997年，輸入禁止措置を正当化するためには，ホルモン剤の投与された牛肉の有害性を，輸入国側が科学的に証明しなければならないとして，EUの措置をWTO違反とする裁定を下した。

EUはこの裁定を不服として，上級委員会（第二審）に申し立てを行ったが，1998年，上級委員会は，SPS協定第5条7項に定めた科学的なリスク評価に関する条件を満たしている限り，輸入禁止措置はWTO協定に整合的であるとした上で，結局のところ，EUの措置は偽装された貿易制限ではないものの，SPS協定が求めるリスク評価を十分行ってはいないとして，EUに対し再び敗訴の裁定を下した[7]。

しかし，EUはホルモン牛肉の安全性が依然として確認されないとの理由から，輸入禁止措置を撤廃していないため，米国はWTOの紛争処理手続に従って報復措置（EUの特定産品に対する100％関税賦課）を現在も発動中である。

第4節　遺伝子組み換え食品の安全性

1983年に可能になった遺伝子組み換え技術によって，1990年代後半から米国やカナダでは，除草剤をかけても枯れない遺伝子や，殺虫毒素を持つ微生物の遺伝子を組み込んだ遺伝子組み換え作物が生産されるようになった。主な遺伝子組み換え食品としては，大豆，とうもろこし，ジャガイモ，菜種，トマトなどがあげられるが，食品としての安全性は不確実で，免疫力の低下やアレルギーの原因となったり，抗生物質を飲んでも効かなくなるとの懸念が指摘されている。

カルタヘナ議定書では，遺伝子組み換え食品の安全性に疑問がある場合，輸出国側によってその安全性が証明されるまで，輸入国は当該産品を暫定的に輸

入禁止してよいと規定している。これに基づき，遺伝子組み換え食品の安全性が保証されていないとして，1999年，EUは米国からの新たな遺伝子組み換え作物の輸入認可を一時停止するという措置をとった。これは，米国からの遺伝子組み換え作物の輸入量を減少させ，米国のバイオテクノロジー業界に大きな打撃を与えかねないため，米国はEUの措置をWTOの協定違反として，2003年にWTOに提訴した。しかし，2004年，EUは審理開始前に，遺伝子組み換え作物の新規認可の一時停止を解除し[8]，米国が問題とする事実そのものが消滅したので，この問題はWTOで審理されることなく，不発に終わった。

遺伝子組み換え作物をめぐってEUと米国が対立する背景には，両国の食品の安全性に関する考え方の根本的な違いが存在する。EUは，遺伝子組み換え作物についても，その安全性の審査基準を「予防原則」に置くべきだと主張しているのに対して，米国は「実質的同等性」のルールに基づくべきだとしている。すなわち，WTOにおけるTBT協定（Technical Barriers to Trade, 貿易の技術的障害に関する協定）は，工業製品および農産物を含むすべての産品を対象として，各国の規格および規格の適合性評価手続き（規格・基準認証制度）が貿易上の障害とならないよう，ルールを定めており，農産物の貿易におけるその生産工程・生産方法（Processes and Production Methods, PPMs）の違いによる輸入規制は，TBT協定により認められていない[9]。したがって，遺伝子が組み換えられた農産物は，組み換えられていない農産物と実質的に同等（equivalent）だと見なされなければならないというのが，米国の主張である。両者の妥協がない限り，この議論は今後も続くと思われる。

第5節　環境ラベリングと非関税障壁

「環境ラベリング」とは，環境保護を目的とするラベル表示のことである。WTOのCTE（Committee on Trade and Environment, 貿易と環境委員会）では，環境ラベリングの目的を，「多様かつ正確な情報の伝達によって，環境に優しい財・サービスの需給を促進し，これにより，市場指向的な環境改善の潜在性を刺激すること」としている。環境や健康に関わるリスクの発生を

未然に防ぐための環境ラベリングは，予防原則に基づく措置の一つといえる。

食品の安全性問題については，その安全性が疑問視されている産品の貿易をいたずらに直接制限するのではなく，消費者に産品の特性に関する情報を開示する環境ラベリングも有効な手段となる[10]。環境ラベリングによって，その産品が環境や健康にマイナスかどうか，またはどのような成分が含まれているのか，などの情報を消費者に知らせることができる。また，情報の非対称を補正し，消費者のリスク・便益分析に選択を委ねることで，自由貿易の利益も確保できる。

ただし，環境ラベリングといっても，どのような情報の表示が必要なのかについては議論が分かれている。環境ラベリングの要件としては，産品の形状，成分，添加物などに加えて，その PPMs も含まれる場合がある。

環境ラベリングは，適用方法によって偽装的な貿易制限となる可能性があるため，各国間でも見解の相違が見られる。加工食品が，遺伝子組み換え作物を原料の一部に使用している「遺伝子組み換え食品」であることを消費者に知らせる表示を，国内法による強制措置とするか，あるいは政府が関与しない業界や企業による任意措置とするか，国により対応は異なっている。環境ラベルを強制措置とする場合は，WTO 協定との整合性が求められるが，任意措置の場合はそれがない。

TBT 協定では，遺伝子組み換え食品の表示を禁止していないが，表示による輸入制限は禁止している。1998 年 9 月，遺伝子組み換え食品のラベル表示を義務付ける EC 規則が発効されると，以下のような理由で，米国はそれが WTO 違反だと批判した。第 1 に，EC 規則は，遺伝子組み換え作物の大豆・とうもろこしが，遺伝子組み換えのされていない従来の大豆・とうもろこしと同等でないとする仮定に基づき作成されている。第 2 に，遺伝子組み換え食品と在来品はどこが異なるのかについて，科学的な証明が行われないままラベル表示を強制するのは，WTO 協定に違反する。

このように，EU と米国とでは，食品の遺伝子組み換え作物の含有表示義務をめぐる意見が異なり，紛争の火種となっている。食の安全性問題に絡んだ環境ラベリングが各国の間で異なると，それが非関税障壁となって円滑な貿易は行われなくなる。このため，ラベリング要件の国際的なハーモナイゼーション

（調和化）に向けた取り組みが，WTO（主に SPS 協定と TBT 協定）の重要課題となっている。

第6節 「食の安全」をめぐる議論の方向性

　農産物や食品の貿易と安全性をめぐる議論を見てみると，EU は，「予防原則」という新たな環境保護の論理を展開しつつある。これに対して，米国の主張は，一貫して農業輸出国としての自由貿易の論理である。輸入国の消費者が求める「食の安全」が，偽装された保護主義の隠れ蓑となる危険性を問題視している。遺伝子組み換え作物やある種の化学物質など保険衛生や健康に関わる問題について，EU は「疑わしきは不可」とする原則を新たに導入しようとするのに対して，米国は「科学的証拠が明示されるまでは可」とする原則を貫こうとしている。

　WTO における貿易と食の安全性をめぐる問題は，貿易ルールと環境保護の間の対立をいかに調整するか，具体的にいえば，特定の化学物質や添加物を用いた食品や，遺伝子組み換え作物や食品のように，安全性が疑問視されている産品についていかなる貿易ルールを適用すべきか，という問題を含んでいる。これまで見てきたように，環境問題への関心の高まりにも起因して，WTO における貿易と環境問題の取り扱いについては，いくつかの事例で環境および安全性寄りの判断が下されつつあり，WTO の軸足は環境配慮的な方向へシフトしている。自由貿易の原則を貫徹することは，事実上，ますます難しくなりつつある状況である。

注
1) 例えば，GATT 第20条の一般的例外に「環境保護に必要な措置」を付け加えるなど。
2) 日本の提案では，MEAs に基づく貿易措置が，(1)環境目的の達成のために，貿易制限的もしくは歪曲的効果が最小限な範囲で，他の効果的な代替手段がない場合に限って適用すること，(2)恣意的な手段，または偽装された貿易制限となるような方法で適用されないようにすること，などを WTO 協定に整合的であるための条件としている。
3) 予防原則についての詳細は，岩田（2004）を参照のこと。
4) EU は，ドーハでの WTO 閣僚会議で，「予防原則の明確化」を新ラウンドの議題として取り上げるよう要求したが，農産物自由化を主張するケアンズ・グループと米国の反対によって失敗し

5) SPS 協定は，WTO 加盟国がコーデックス委員会の定めた食品の安全基準（コーデックス基準と呼ばれる）を参考にするように推奨している。
6) ホルモン牛肉紛争については，岩田 (2004) 第 3 章が詳しい。
7) 日本が火傷病の侵入防止を図るために米国産りんごに実施した検疫措置についても，2003 年 12 月，上級委員会は，輸入産品の有害性を証明する科学的証拠を求める努力を怠ったとして，SPS 協定第 5 条 7 項に違反するとの裁定を下した。
8) 欧州委員会は，遺伝子組み換えに対する消費者の不安を軽減させ，消費者選択の幅を広げるため，2004 年 4 月に施行された食品に関する 2 つの新規則（食品・飼料規則と表示・トレサビリティ規則）が，凍結解除の決定を下した根拠としている。
9) これにより，遺伝子組み換え食品と遺伝子を組み換えていない食品が，同種産品（like products）である場合，WTO 加盟国の政府が前者を輸入禁止するなどの差別的な扱いをすれば，WTO 違反となる可能性が高い。ただし，政府が関与しない業界や企業による差別的な措置であれば，WTO 協定上何ら問題がない。
10) バグワッティ (2004) の主張。

参考文献

石川城太 (2002),「環境政策と国際貿易」池間誠・大山道広編著『国際日本経済論』文眞堂。
岩田伸人 (2004),『WTO と予防原則』農林統計協会。
岩田伸人 (2005),「WTO における貿易と環境問題」馬田啓一・浦田秀次郎・木村福成編著『日本の新通商戦略—WTO と FTA への対応』文眞堂。
高村ゆかり (2003),「環境保護と WTO」渡邊頼純編著『WTO ハンドブック—新ラウンドの課題と展望』ジェトロ。
中川淳司 (2003),「WTO 体制における貿易自由化と環境保護の調整」小寺彰編著『転換期の WTO—非貿易関心事項の分析』東洋経済新報社。
渡邊頼純 (1997),「貿易と環境の政治経済学—貿易自由化と環境保全の両立は可能か」佐々波楊子・中北徹編著『WTO で何が変わったか』日本評論社。
Bhagwati, J. (2000), "On Thinking Clearly about the Linkage between Trade and the Environment", *Environment and Development Economics*, volume 5, Cambridge University Press.
Bhagwati, J. (2004), *In Defense of Globalization*, Oxford University Press.（鈴木他訳『グローバリゼーションを擁護する』日本経済新聞社, 2005 年）
Josling, T., D. Roberts and D. Orden (2004), *Food Regulation and Trade: Toward a Safe and Open Global System*, Institute for International Economics.（塩飽二郎訳『食の安全を守る規制と貿易—これからのグローバル・フォード・システム』家の光協会, 2005 年）
OECD (1994), *The Environment Effects of Trade*.（環境庁地球環境部監訳『OECD：貿易と環境』中央法規, 1995 年）
OECD (1999), *Food Safety and Quality: Trade Considerations*.

（馬田　啓一）

第 7 章

自由貿易と環境保護
— GATT20 条をめぐる貿易紛争の経済分析 —

　第 6 章では，自由貿易の拡大を目指す世界貿易機関（World Trade Organization : WTO）と環境保護の間に生じる緊張関係をいかに調和するかという問題が議論されている。そこで指摘されているように，WTO は加盟国が「関税と貿易に関する一般協定」（GATT : General Agreements on Tariffs and Trade）20 条「一般的例外」の (b) や (g) の環境保護に関する条項を適用して貿易制限措置を採ることを認めている。しかし，これらの条項を適用した貿易制限措置を無制限に認めると，自由貿易の原則は崩壊すると自由貿易論者は危惧を抱く。他方，これらの条項の適用条件を厳しくして貿易制限措置を認めなければ環境保護が脅かされると環境保護主義者は主張する。両者をいかに調和するかが問われる所以である。

　このような緊張関係は，実際，GATT や WTO の紛争解決機関の中で争われた貿易紛争の中で顕在化していた。そこでは，ある国が採用した貿易制限措置が 20 条 (b) や (g) の下で正当化されるかどうかが争点となった。そこで紛争小委員会（以下パネルと呼ぶ）の判断の基準となったのは，貿易制限措置が本当に環境保護のために「必要な」措置なのか，また「主要な目的」となっているのか，ということであった。

　これらの貿易紛争は早くは 1980 年代の初期からあるが，GATT や WTO では 20 条 (b) と (g) に基づく貿易制限政策の適用はほとんど認められてこなかった。そのため，環境保護団体などは GATT や WTO は環境を保護することができないと，不満を表明し時に激しい抗議を行った[1]。

　しかし，世界的な環境問題への関心の高まりと環境保護団体の政治的な圧力は，WTO の設立にも影響を与え，前文に環境保護が謳われ，「サービス貿易

に関する一般協定」（GATS）などの新協定にも環境に関連する規定が盛り込まれた。WTOの紛争解決機関で争われた環境をめぐる事件では，パネルの解釈が微妙に変化し，WTOは「環境に優しい」方向に変化してきたといわれる。

本章では，このような貿易と環境の間にある緊張関係をいかに調和するかという問題を経済学の観点から論じることを目的とする。具体的には，GATT20条(b)や(g)の適用をめぐってGATTの紛争解決機関で争われた初期の2つの貿易紛争を取り上げ，対象となった貿易制限政策の経済と環境に対する影響を簡単な部分均衡図を用いて分析し，パネルの判断が妥当なものであったかどうかを検討する。

本章で取り上げる事例は，1つは20条(b)の適用に関する「タイのタバコの輸入制限」[2]（第3節），他は20条(g)について争われた「カナダの未加工ニシンとサケの輸出制限」[3]（第4節）である。が，それらの分析に入る前に，次節では，GATT20条(b)と(g)をめぐる2001年までの貿易紛争を概観し，パネルがどのような手続きを踏むのか，そしてどのような点が法的に問題となったのかを紹介する。次の第3節では，環境保護と貿易政策に関する経済学の基本的な議論を紹介する。最後の第5節では，議論と結論を要約する。

第1節　GATT20条(b)と(g)をめぐる貿易紛争

GATT20条(b)及び(g)の条文は次のようになっている。
(b) 人，動物又は植物の生命又は健康の保護のために必要な措置
(g) 有限天然資源の保存に関する措置。ただし，この措置が国内の生産又は消費に対する制限と関連して実施される場合に限る。

ただし，これには以下のような「柱書き」がある。

　　この協定の規定は，締約国が次のいずれかの措置を採用すること又は実施することを妨げるものと解してはならない。ただし，それらの措置を，同様の条件の下にある諸国の間において任意の若しくは正当と認められない差別待遇の手段となるような方法で，又は国際貿易の偽装された制限となるような方法で，適用しないことを条件とする。

この2つの号をめぐってGATT及びWTOのパネルで争われた2001年までの主な紛争を、パネルの採択年順に示したものが第7-1表である[4]。1996年の「米国のガソリン基準」以下がWTO設立以降の紛争である。これらの中で特に注目されたのは、マグロⅠ、Ⅱと「米国のエビの輸入制限」であった。これらは他のケースと異なって、貿易制限措置が産品の生産工程方法（PPMs）に伴う領域外の環境保護を対象としたためであった。「結果」というのは、パネルの判断で、適用不可とあるのは、20条(b)や(g)が適用されなかったことを示している。

第7-1表　GATT20条の適用を争う事件

採択年	内容	号	結果
1982	米国のカナダ産マグロ及びマグロ製品の輸入禁止	g	適用不可
1987	カナダの未加工サケ・ニシンの輸出制限	g	適用不可
1990	タイのタバコの輸入制限・内国税	b	適用不可
1991	米国のキハダマグロの輸入制限（マグロⅠ）	b, g	適用不可
1994	米国のキハダマグロの輸入制限（マグロⅡ）	b, g	適用不可
1994	米国の自動車に対する課税制度	b	適用不可
1996	米国のガソリン基準	b, g	適用不可＊
1998	米国のエビの輸入制限	b, g	適用不可
2001	EUのアスベスト及びその製品の輸入禁止	b	適用可

＊上級委員会は(g)の適用を認める。ただし、柱書き違反とした。
（資料）松下・清水・中川（2000）などの文献から作成。

パネルは、判断を下す際には、一般に2段階アプローチと呼ばれる方法を取っている[5]。まず、被提訴国の採った貿易制限措置が(b)又は(g)の事由で正当化されるかどうかを検討する。正当化されるとした場合には、次にそれが柱書の用件を満たすかどうかを検討するというアプローチである。具体的には次のような手続きを踏む。

第一段階では、まず当該措置が(b)「人、動物又は植物の生命又は健康の保護」又は(g)「有限天然資源の保存」の目的に適うかどうかが判断される。次に、(b)の場合は、その目的を達成するために、その措置が「必要な（necessary）」措置であるかどうかが問われる。ここで、「必要な」措置とは、「タイのタバコの輸入制限・内国税」事件において、当該措置に「合理的に利用することのできるより貿易制限的でない代替措置が存在しない」場合であると解釈さ

第7章　自由貿易と環境保護―GATT20条をめぐる貿易紛争の経済分析―　91

れた。

　(g)の場合は,「有限天然資源」保存の目的に「関する (relating to)」措置であるかどうかが問われる。さらに,当該措置は国内の生産や消費に対する制限と「関連して (in conjunction with)」実施されているかどうかが吟味される。「関する」という意味について,パネルは,「カナダの未加工サケ・ニシンの輸出制限」事件において,当該措置を「第一の目的とする (primarily aimed at)」ものでなければならないとの解釈をとった。

　同パネルは,(g)が適用されるためには,(b)のように「合理的に利用可能な貿易制限的でない代替措置がないこと」は必要としないが,他方で,この号が設けられた趣旨である有限天然資源の保存政策の実施を妨げないようにすることから,当該措置は有限天然資源の保存を「第一の目的」としなければならないとしたのである。この解釈はその後のGATTのパネルで踏襲された。

　(b)の「必要な」措置も,(g)の「関する」措置の解釈も共に厳格すぎるとして,環境保護の立場からは批判を受けた。が,GATTの時代にはその解釈は踏襲された。WTOになってからも「必要性テスト」は維持されているが,「EUのアスベスト及びアスベスト製品の輸入禁止」では,「合理的に利用可能な代替手段」の意味が明確化され,厳格性が緩和された。また,(g)の「第一の目的とする」については,「米国のガソリン基準」事件において,上級委員会が当該措置と有限天然資源の保存目的の間に「実質的な関係 (substantial relationship))」があれば,主目的の要件は満たされるとする解釈を示した。

　また,この「ガソリン基準」事件では,(g)の「ただし,この措置が国内の生産又は消費に対する制限と関連して実施される場合に限る」についても,当該貿易制限措置と国内措置とが同一のものである必要はなく,資源保存という目的を達成するために同時に実施されていればよいという判断が示された。

　GATTの時代には,すべてのケースは(b)または(g)で正当化されなかったために,柱書きの要件を検討するところまではいかなかったが,「米国のガソリン基準」事件において,上級委員会が(g)の適合性を認めたために,次の段階の「柱書き」に適合するかどうかの検討が行われた。

　全体としてみると,GATT時代に比べるとWTO時代のパネルの判断は環境保護に配慮したものになっているといわれる。中川 (2003) は次のように述

べている。「環境保護のための貿易制限措置の GATT・WTO 協定適合性に関するこの紛争解決事例を振り返ってみると，GATT20 条の解釈をめぐって変化が見られる。それは，貿易自由化を重視した 20 条の厳格な解釈を改め，規定の文言と文脈に忠実かつ精密な解釈を行いながら，現行協定の枠内で環境保護のために貿易制限措置が協定適合的であるための要件をより明確にするという方向での変化であった。」(187-188 ページ)

第 2 節　環境保護と貿易政策

　経済学では大気汚染や水質汚濁が発生して人の健康が損なわれたり自然が失われたりするのは，それらが市場で取引されないからだと考えている。取引されないのは，市場で評価されたり取引が難しい性質を持っていたりするためであるが，それらをできるだけ市場で適切に評価し，市場取引に組み入れる制度や法，あるいは政策を考えることが経済学的な解決方法となる。
　環境政策の基本的な考え方はイギリスの経済学者のピグーによって与えられた。ピグーは，例えばある製品が生産過程で環境汚染をもたらしているのであれば，その製品に対して汚染による被害額と同額の税金を課すことを提案した。しかし，それよりもよい政策は生産過程そのもので汚染の発生源を取り除く方法を考えることである。このように経済的な政策を環境保護に用いる場合の基本原理は，環境汚染が発生した場所でそれを直接是正するような政策をまず追求することである。直接的な政策が不可能であったり，費用が多大であったりすれば，次善の政策として間接的な政策が検討される。
　他方，市場で取引される生産物であっても，漁業資源のように所有権が設定されない海洋で捕獲される場合には，乱獲が起きて絶滅する危険な水準までストックが減少する場合がある。そのような場合には漁獲高の規制が必要となる。
　課税にせよ規制にせよ，環境保護を目的とするが，当然経済活動に影響を与える。経済的利益と環境保護を調和させる政策を考えるためには，環境の価値（マイナスであれプラスであれ）を適切に評価することが必要になる。その上

で，もっとも直接的な，したがって費用の少ない政策を考えることになる。最善の政策が得られなければ，次善の政策を検討することになる。

貿易政策も経済政策の一つであり，貿易への影響を通して，消費と生産活動に影響を及ぼす。消費や生産活動が環境と関連しているのであれば，当然，環境にも影響を及ぼす。しかし，貿易政策と環境の関係は一義的ではない。例えば，輸入財と代替関係の強い財の生産から大量に CO_2 が発生していれば，輸入関税の引下げはその財の生産を縮小する可能性が高いので CO_2 を減少させる。ところが，輸入財もまたその生産過程で大量の CO_2 を発生させているならば，輸入関税の引下げは，外国でその財の生産を拡大させることになり，CO_2 の増加に寄与することになる。したがって，CO_2 を増加させないためには，輸入関税の引下げは望ましくない。

しかし，このような場合，上述の基本原理が教えるところでは，最善の政策は輸入国でも輸出国でも当該財の生産過程で直接的に CO_2 の削減をもたらすような政策を用いることである。貿易政策を用いることによって，直接 CO_2 の削減とは関係のない消費活動にも影響が及ぶからである。以下，2つの事例に即して，この原理を具体的に明らかにすることにしよう。

第3節　タイのタバコの輸入制限と内国税

1. 事件の経緯とパネルの裁定

タイは1966年以来タバコ法の下で紙巻タバコを含むタバコの輸出入をタイ・タバコ独占体に委ね，紙巻タバコの輸入を制限し，輸入タバコに対して国内産よりも高い税を課していた。この点を米国が問題にし，二国間協議が不調に終ったので，米国は1990年にGATTの紛争処理手続きに基づいてパネルの設置を要求した。この件は，輸出入数量制限を一般的に禁止したGATT11条の2項(c)(i)と20条(b)が適用されるかどうかで争われた。

本章では環境保護を理由とする貿易制限政策に対するパネルの判断に関心があるので，GATT11条に関するパネルの判断は取り上げず，後者に関してのみ経緯を紹介する。米国の主張は，輸入制限はタイ政府の主張するタイ国民の

健康を保護するために「必要な」措置とはいえないというものであった。タイ政府は，米国産紙巻タバコはタイ産のものよりも有害な化学物質や添加物が含まれていると主張していた（ただし，科学的調査によって特に有害な化学物質は発見されなかった）。また，米国のタバコ企業が巧みな宣伝によって，婦人や若者の心を掴み，米国産タバコを喫煙させているとも述べ，輸入制限のみが国民の健康を守る唯一の方法であると主張した。

パネルは，喫煙が人の健康に重大な危険を及ぼすことを認め，そのために消費を抑制させようとする措置はGATT20条(b)の適用の対象になるとした。しかし，すでに述べたように，ある措置が20条(b)の適用の対象となるためには，「必要な」措置でなければならず，「必要な」措置とは「合理的に利用可能な貿易制限的でない代替措置が存在しない」場合である。パネルは，そのような条件を満たす代替的な措置をいろいろと考えることができるとして，幾つかを例示し，タイの輸入制限を正当化できないと結論づけた。パネルが例示した代替措置は，無差別の方式で材料開示や広告規制を行うことでタバコの質と消費量を管理する方法と独占体による供給の制限である。

2．経済分析

(1) タイのタバコ市場と輸入制限政策

タイの輸入制限措置を理解するために，第7－1図のようなタイにおけるタバコ市場を想定しよう。DD'はタイの紙巻タバコに対する需要曲線，SS'はタバコ産業の供給曲線である。タイではタバコは独占的に供給されているので，価格に対する規制がなければ，輸入禁止の下では，利潤を最大になるような価格付けを行うことは可能である。しかし，ここでは簡単化のために，競争的な市場での価格Pが設定されていることを仮定しよう。同様に簡単化のために，ほぼ完全な輸入制限が行われて，ほとんど輸入禁止と同じ状態を想定しよう。閉鎖経済と同様になるので，生産量と消費量はOQになる。タバコによる健康被害を考えなければ，消費者は消費者余剰DEPを獲得し，生産者は生産者余剰SPEを得る。それらの合計SDEがタイにおけるタバコの消費と生産がもたらす（健康への悪影響を除いた）経済的な利益である。

タバコは健康に悪影響を与え，その被害が外部的である，つまり市場に歪み

が生じているとすると,需要曲線 DD' は社会的な限界便益を反映したものとはいえなくなる。タバコの健康への悪影響を考慮した社会的な需要曲線を DD^* としよう[6]。DD' と DD^* の差はタバコによる健康への悪影響の(外部)費用を示している。したがって,社会的にみると,タバコの最適な生産量は OQ ではなく,DD^* と SS' が交わる G 点での OQ^* でなければならない。このときの健康被害の費用を差し引いたタイの利益は総余剰 $SDJG$ から外部費用 DJG を差し引いた SDG になる。

次にタバコが輸入されるとしよう。タイが小国であると仮定し,国産タバコと輸入タバコが完全に代替的であるとすれば,自由貿易は価格を国際価格の P_w まで下げる。その結果,消費量は OQ_f,国内生産量は OQ_s,輸入量は Q_sQ_f になる。消費者余剰は DFP_w になり貿易前よりも増加するが,生産者余剰は SP_wH になり貿易前より減少する。が,前者の増加は後者の減少を上回るため,タバコの外部費用を考慮しなければ,明らかに自由貿易が輸入禁止の状態よりも好ましい。

しかし,タイ政府は米国からの紙巻タバコの輸入をほぼ完全に制限し,その理由として GATT20 条 (b) の人の健康保護を主張した。このような輸入制限政策の下でのタイ政府の最適な政策は,タバコの生産量と消費量を OQ^* に制限することである。そのために消費を抑制する措置を講じなければならない。

実際タイ政府は非政府組織と協力しながら反タバコキャンペインを行い,タバコの消費を抑制しようとしてきたと主張している。が,タイにおけるタバコの消費量は年々増加傾向にあった(パネル報告)。

前節で述べたように,タイにとってそれよりも望ましい政策は,輸入は制限せず,社会的な需要曲線と国際価格が交わる I 点まで消費量を抑制することである。第7-1図では,それはの OQ_f^* になる。なぜなら,そのときの外部費用 DKI を除いたタイの利益は $SDIH$ となり,HGI だけ輸入禁止下での最適な政策よりも利益が大きいからである。後者では,より効率的に生産できる製品を,輸入を通じて消費できるという貿易のメリットを生かすことができる。このための政策は,自由貿易を行いつつ,例えば外部費用に等しい消費税 P_wP_t を課すことである。

96　第2部　貿易と環境

第7-1図　タバコの輸入制限

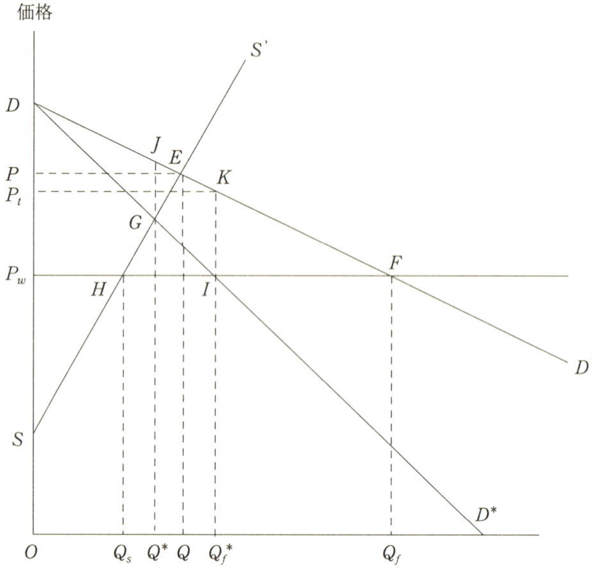

(2) パネルの判断に対する評価

　パネルは，タイに「より貿易制限的でない代替措置」が考えられので，タイの主張を退けてタバコの輸入制限はGATT違反とした。貿易政策の理論が教えるところによれば，市場の歪みが発生するところでそれを是正する直接的な措置を講じるのが望ましいので，タバコの場合，消費から健康への被害が発生するので，差別的な貿易制限よりも消費を規制する政策が最善である。したがって，貿易制限的でない代替措置があればそれを利用すべきであるとのパネルの判断は基本的には正しい。

　しかし，貿易制限的でない国内的な措置が貿易制限政策に比べてより多くの費用をもたらしたり，効果的でなかったりした場合には，貿易制限的な政策は次善の政策となりうる。そこで問題は，パネルが指摘したタバコの成分表示や広告規制による方法，あるいは独占体による供給管理が輸入制限措置よりも最適な消費量を達成するのに，どちらがより効果的かという（定量的な）判断を行うことである。この点までパネルは行っていないようにみえる。

　このようなパネルの判断に対しては，環境を重視する立場から代替的な手段

に対してその実効性について批判されている。例えば，タイ政府が広告規制を行っても豊富な資金力を持つ米タバコメーカーが様々な販売戦略を用いてそれに対抗することが可能であるため消費量は減らない。あるいは，独占体による供給制限についても，タバコ市場の開放に伴う競争の激化や価格の低下を常にくい止めうるかは疑わしい，などである。

第4節　カナダの未加工サケ・ニシンの輸出制限

1．事件の経緯とパネルの裁定

　カナダは，太平洋西海岸で捕獲されるサケとニシンについて，未加工のままで輸出することを禁じ，カナダ国内で加工し，かつ法定の検査を受けた上でなければ輸出してはいけないという法令（加工義務規定）を設けていた。この輸出制限措置に対して，米国は，これはカナダ国内の加工産業を保護するためのものであるので，GATT11条1項に違反しているとして，GATT紛争処理機関に提訴した。これに対しカナダは，GATT11条2項(b)と20条(g)で輸出制限措置は正当化されるとした。

　本章では環境保護を事由とする貿易制限に対するパネルの判断に関心があるので，後者に関してのみ経緯を紹介する。カナダはサケ・ニシンの輸出制限はカナダが行っている西海岸の全般的な漁業資源保護の一環として行っており，20条(g)に言う「有限天然資源の保全に関する」措置に該当し，国内の生産制限を実施していると主張した。そして，輸出制限は，漁業資源の保全に2つの点で寄与すると述べた。1つは，サケ・ニシンは希少な資源であるからきわめて正確な捕獲管理システムが必要であり，正確な捕獲データを必要とする。そのためには，報告をきちんと果たす国内の加工業者のみに魚資源を販売しなければならない。第2に，サケ・ニシン捕獲の周期性ゆえに，未加工の漁を国内業者だけに渡すことが，資源保全と国内産業保護のバランスを取る唯一の方法となる。もしも外国にも販売を許せば，カナダ政府は産業の衰退化か豊漁の際に過大捕獲に直面することになる。

　これに対して米国は，カナダの規則はカナダの捕獲量の正確な推定に「必要

でも」また「特に有用」でもなく，米国に輸出されれば，米国は保存計画に基づく要求に応じて米国に陸揚げされた捕獲データを提供すると述べた。また，国内産業の保護と資源保全の均衡をとる考え方についても，輸入によって不足に対応できると述べた。そして，米国はカナダ政府が公的な文書で輸出禁止を国内の仕事を守るためであると述べていることを指摘し，カナダの措置は偽装された制限に当たるとした。

パネルは，サケ・ニシンが20条(g)にある「有限天然資源」に該当することを認め，漁獲制限が「ただし書き」にある「国内の生産の制限」であることも認めた。そこで，問題となるのは，輸出制限が資源保全に「関連する」措置であるかどうかという点であった。しかし，パネルは，前節で述べたように，「関する」措置を「必要或は不可欠」ではないにしても「主たる目的とする」ものでなければならないという判断を示し，カナダの措置は有限資源保存の「第一の目的」にはなっていないと述べた。

パネルは，その理由として3点を指摘している。第1にカナダが加工のサケ・ニシンの輸出は禁止していないこと。これは一般的な漁業資源の捕獲制限にはなっていない。第2に，カナダが主張したデータ収集について，他の保存漁業資源については輸出制限なしでも収集が行われているので，カナダの主張は成立しないこと。第3に，カナダは国内の加工業者が未加工の魚を購入することは制限しなかったので，カナダの措置は外国業者に対する実質的な差別になったこと，である。

2．経済分析

パネルはカナダの未加工サケ／ニシンの輸出制限を違法としたが，その理由はそれらの資源の保全が「第一の目的」とはいえないということであった。以下では，この問題を簡単な経済モデルで示し，カナダの輸出制限措置が経済学的な観点から妥当なものかどうかを検討し，最後にパネルの判断を評価する。

(1) 再生産可能資源の経済モデル

カナダ政府は西海岸にいるサケとニシンを有限資源保護の目的で管理している。これは適切な管理が行われないと，これらの資源ストックが乱獲によって臨界最小規模近くまで減少し絶滅することを防止するためと考えられる。この

ような捕獲制限の合理性は，再生産可能資源の最適利用の経済学によって与えられている[7]。第7-2図は，横軸にカナダの西海岸にいるサケ／ニシンの母集団の数（ストック）を測り，縦軸には年々の再生産量をとっている。曲線 $ngfm$ は魚の増殖の様子を示したものである。n は臨界最小規模であり，母集団がそれ以下になると魚資源の再生産量はマイナスになり，ストックは減少する。他方，その規模を越えれば出生率が死亡率を上回って増殖が始まる。しかし，あるストック以上になると混雑現象がおきて，再生産量は減少し，ストックの増加率は次第に低下する。そして，出生率と死亡率とが同じになると母集団の数は変化しない。その点が m である。

　サケ／ニシンを捕獲する漁業企業は現在の漁獲量と将来の漁獲量から利益を得るが，将来の捕獲は現在の母集団の数に依存する。現在沢山捕獲すると母集団の数は減るから，将来の捕獲量は少なくなる。それゆえ，ある一定の利益をもたらすような現在の捕獲量と母集団の数の組合せを右下がりの曲線として描くことができる。また，この曲線は現在の捕獲量が少なくなるとより多くの将来の捕獲量が必要になるという意味で，原点に対して凸の形状をすると考えられる。第7-2図の Π_0，Π_1 曲線は，価格が国際価格 Pw であるときの産業の等利益線を描いているが，右上に位置すればするほど，利益は大きくなる。

　与えられた増殖曲線の下で企業の利益が最大になるのは，増殖曲線と等利益

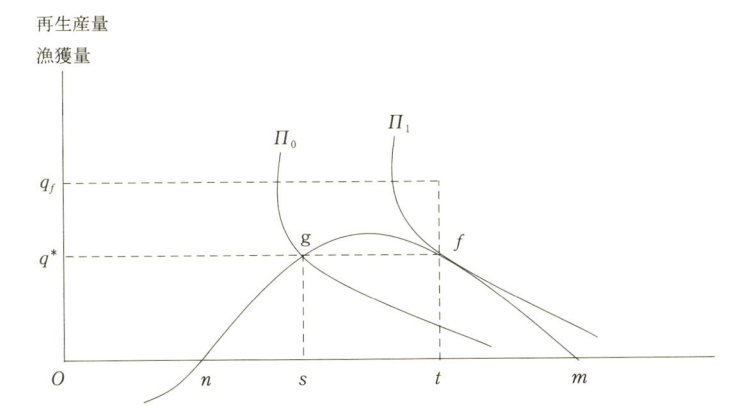

第7-2図　サケ／ニシンの最適管理

線が接する f 点で与えられる。したがって、最適な捕獲量は $tf = Oq^*$ である。毎期この量の漁獲を行えば、母集団の数は変化しない。ところが、市場が競争的であれば、利益 $\varPi_1$ が正である限り参入がおきる。参入によって、捕獲量は Oq^* を越え、例えば Oq_f となれば、次期の母集団の数は減少し、産業の利益も低下する。しかし、利益が正である限り参入は続くであろう。その結果、母集団の数は減少し続け、利益がゼロとなるところで参入は止む。第7-2図では、その水準は s で与えられている。$\varPi_0$ は利益ゼロの等利益線と仮定しているからである。そこでは企業の参入はないから、毎期 sg を捕獲すれば母集団の数は変化しない。しかし、s は臨界最小規模 n に近い。

(2) カナダの輸出制限政策

第7-2図が教えるのは、漁業が自由になされるなら、いずれ漁業資源ストックが臨界最小規模 n に近づくおそれがあることである。当初の Oq_f の漁獲を行っている時点での状態をカナダの未加工サケ/ニシンの市場の図で描いたものが第7-3図である。第7-3図の DD' は未加工サケ/ニシンに対する加工業者の需要曲線、SS' は供給曲線である。カナダは輸出国であるので、国際価格は自由自足の均衡価格よりも高い Pw によって示される。ここでカナダは小国と仮定している。

漁獲量の制限もなく、輸出制限もなければ、Pw と SS' が交差する点で捕獲量が決まり、それは第7-2図の Oq_f に等しい OQ_f である。いうまでもなく、この漁獲量は最適でない。最適な漁獲量は第7-2図の Oq^* である。カナダ政府が最適な漁獲量を知っている場合には、漁獲量をその水準に制限することが最適な政策である。いま、第7-3図において、カナダ政府がその量を知っており、それが仮に OQ^* であるとしよう。漁獲量を最適な量に維持する方法は、捕獲高を制限すること以外に輸出制限もある。しかし、貿易政策の理論は、このような場合、乱獲（過剰捕獲）に問題があるのだから、輸出制限よりも生産（漁獲）制限を行うことが望ましいとしている。

第7-3図において、漁獲制限を OQ^* とする場合、そのうち $HI = Q_dQ^*$ を輸出することになる。国内の加工業者などの需要者は $PwH = OQ_d$ を購入する。その結果、生産者余剰は SP_wIL の面積に等しく、消費者余剰は P_wDH になる。他方、輸出制限によって漁獲量を OQ^* に制限するためには、輸出を $RL = Q_tQ^*$

に制限する必要がある。しかし，輸出が抑制されるために，需要が減退し国内価格は国際価格から離れ P_t に下落する。輸出制限がない場合に比べると，需要者の利益は増加するが，生産者（漁業者）の利益は減少する。需要者の消費者余剰は P_tDR であり，生産者の利益は，生産者余剰 SP_tL に輸出による利益 $RTIL$ を加えたものになる。輸出制限のない場合に比べると，経済全体としては HTR だけカナダの経済厚生は低下している。したがって，カナダにとって，最適な政策は最適な漁獲量が分かっていれば，そこまで漁獲を制限することである。その上で，自由な輸出を認めることである。

実際にカナダ政府が採用した政策は，漁獲制限を行った上で，未加工のサケ／ニシンの輸出禁止したことである。第7-3図において，カナダが仮に OQ^* の漁獲制限を行っている場合，輸出禁止をすれば，価格は OP まで下落する。カナダ全体の経済的利益は SDE になる。ただし，最適な漁獲高がちょうど自由自足の OQ であれば，カナダの輸出禁止政策は結果的に最適な漁獲量に捕獲高を制限することになっている。しかし，もしカナダ政府が最適な漁獲量が OQ^*

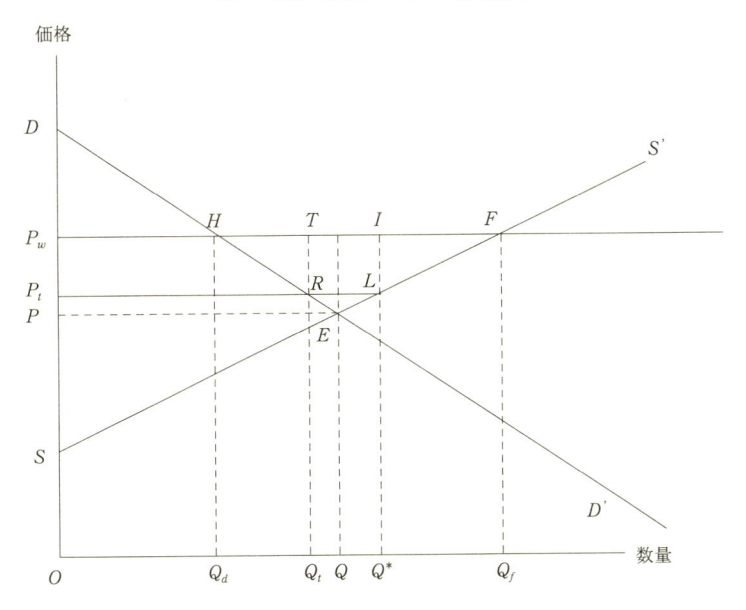

第7-3図 サケ／ニシンの輸出制限

であることを知っているならば，生産（漁獲）制限をすればよいことである。その場合には，なお輸出による利益を得ることができるからである。

以上の議論は，生産（漁獲）制限と輸出制限を実施する際に要する行政費用などの費用は考えていなかった。仮に生産（漁獲）制限を行うのに必要な費用が輸出制限に要する費用よりも大きければ，上述の議論は必ずしも成立しない。政策の実施に当たっての費用について，具体的なケースによって異なり，一般的には何もいえない。

(3) パネルの判断に対する評価

GATTのパネルは，カナダのサケ／ニシンが有限資源であるとして，その捕獲を制限することは認めている。この点は提訴した米国も同様である。問題は，未加工の魚の輸出禁止措置がGATT20条に妥当するかどうかであった。パネルは20条(g)に基づく貿易制限措置の正当性について，それが有限資源保護の「主要な目的」に当たるかどうかを判断の基準とした。しかし，ここでの分析が示すように，有限資源を保護するのであれば，生産（漁業）制限が最適な政策であれ，輸出制限は最善の政策ではないから，「主要な目的」かどうかは，経済学の立場からは問題ではない。

輸出制限が正当化されるためには，何らかの理由により生産（漁獲）制限を実施するのに困難があり，輸出制限のほうがより容易に低い費用で実施される場合である。パネルにおいて，この点で輸出禁止政策が評価されたかどうかは定かではないが，輸出禁止が「主たる目的」かどうかを問うよりも，生産（漁獲）制限に比べてより低費用で実施できるかどうかが，経済学の判断基準といえる。

第5節　おわりに

本章では，GATT20条(b)と(g)を適用できるかどうかで争われた初期の二つの紛争を取り上げ，それらを部分均衡分析によって分析し，問題となった貿易制限措置の効果を明らかにして，違法としたパネルの判断を評価した。パネルは，タバコが健康に悪く，またサケ／ニシンが枯渇性資源であることを認

め,タバコの消費削減と漁獲制限を認めている。しかし,そのためにタバコの輸入制限は「必要」とはいえないし,またサケ／ニシンの輸出制限は「主要な目的」となっていないとして認めなかった。

　すでに述べたように,市場に歪みがある場合には,それを直接是正するような政策が最善であるので,政策に要する費用などを考慮しなければ,ここで取り上げた2つのケースでは,自由貿易と消費並びに生産抑制の組合せが最善の政策といえる。しかし,それらの政策が何らかの制約により採用できない場合に,他の代替的な手段の中でもっとも効率的な政策を用いることが次善の政策になる。これらの手段の中には貿易制限的な措置も含まれる。

　したがって,経済学の観点からは,GATT20条(b)の「必要な」措置の解釈のように,「貿易制限的でない代替措置」があれば,それを採用することが正しい考えになる。他方,GATT20条(g)の場合には,適用の条件として,当該措置が「第一の目的」であることとしているが,目的であるかどうかよりも,他の代替的措置に比べて,効率的であるかどうかが経済学的には基準となる。つまり,GATT20条(g)項も(b)と同様の考えに立つべきと考える。

　しかし,パネルでは代替的措置は提案したもの（タイのタバコの輸入制限オケース）の,それに要する費用や政策の実効性について貿易制限政策との比較において詳細に検討したのかどうかは疑問である。そのためGATTは貿易に甘く,環境に厳しいとして批判を浴びることになった。ただし,諸政策の比較をパネルに委ねることは無理であるように思われる。WTOとは別に環境の影響とそれを是正するための最適な政策手段を判断できるような機関が必要であろう。

　また,どのような場合でも自由貿易と国内措置の組合せが最善であるということはない。環境汚染が貿易される生産物を通して他国に波及する場合には貿易制限措置が最善の政策となる。このような場合には,「合理的に利用することのできるより貿易制限的でない代替措置」を探すことはできない。差別的な政策が最善となりうるのである。

注
1) WTOに対する批判については,例えば,パブリック・シティズン（2001）を参照。
2) GATTパネル報告　1990年10月5日,DS10/R,WTOホームページ。

3）GATT パネル報告　1989 年 3 月 22 日，L/6268。WTO ホームページ。
4）事例とその評価については，主に以下の文献がある。松下・清水・中川編（2000），岩田（2005），Trebilcock and Howse（1999），Neumayer（2001）。
5）以下は中川（2003）に負うところが多い。
6）ここではタバコの社会的な限界便益はある消費量までは正であるが，それを超えるとタバコの限界費用が私的な限界利益を超えるため，負になると想定している。
7）再生産可能資源のスットク外部性については，柴田（2002）第 5 章。

参考文献

岩田伸人（2005），「WTO における貿易と環境問題」馬田啓一・浦田秀次郎・木村福成編著『日本の新通商戦略―WTO と FTA への対応』文眞堂。
柴田弘文（2002），『環境経済学』東洋経済新報社。
中川淳司（2003），「WTO 体制における貿易自由化と環境保護の調整」小寺彰（編）『転換期の WTO』東洋経済新報社。
松下満雄・清水章雄・中川淳司（編）（2000），『ケースブック，ガット・WTO 法』有斐閣。
パブリック・シティズン（海外市民活動情報センター監訳）（2001），『誰のための WTO か？』緑風出版。
Neumayer, Eric (2001), *Greening Trade and Investment*, Earthscan Publications : London.
Trebilcock, Michael J. and Robert Howse (1999), *The Regulation of International Trade*, second ed., Routledge : London.
World Trade Organization, http://www.wto.org

（佐竹　正夫）

第 8 章

WTO と発展途上国における HIV/AIDS 治療へのアクセス

　国連エイズ合同計画の統計によると 2007 年末現在，HIV/AIDS と共に生きる人々（People living with HIV/AIDS，以下，PHA）は，全世界に 3320 万人いると推計されており，その多くが発展途上国の人々である[1]。1996 年に HIV/AIDS の治療に抗 HIV 薬多剤併用療法（Highly Active Antiretroviral Therapy，以下 HAART）が導入されるようになってから，先進国においては，HIV/AIDS による死亡率が大幅に低下し，PHA の生活の質も向上した。しかし，主に HAART に使用される薬剤の価格が高いため，発展途上国の PHA の多くは未だにこの治療法の恩恵をうけることができていない。2001 年以降，世界基金の創設や WHO（世界保健機関）による HAART 普及のためのイニシアチブなど，国際的な取り組みが行われており，発展途上国における HAART の利用者数は増加している。しかし，今後，HAART を必要とする PHA が HAART を利用できるようにするためには，支払い可能な後発医薬品の抗 HIV 薬を持続的に供給していけるような仕組みを整えていくことが重要である。

　本章では，「環境」を広く捉え，PHA が HAART を利用できるようにするための社会経済的な環境整備の現状と課題について，特に国際貿易の枠組みとの関係から考察したい。以下では，まず，世界的にみた HIV/AIDS の現状と HAART の利用状況について概観する。そして，世界貿易機関（World Trade Organization，以下，WTO）が規定した知的所有権の貿易関連の側面に関する協定（Agreement on Trade-Related Aspects of Intellectual Property Rights，以下 TRIPS 協定）と発展途上国における後発医薬品の抗 HIV 薬の生産・輸出入との関係について述べた上で，発展途上国における

HAART 普及の課題について考察する。

第1節　HIV/AIDS の現状

1．HIV/AIDS の疫学

第8-1表は HIV/AIDS に関する統計の地域別分布を示している。2007年末現在，世界の PHA は3320万人，2007年の新規感染者は250万人，AIDS による死亡数は210万人であった。成人の HIV 感染割合は0.8%で，世界的に見ると成人のおおよそ100人に1人は HIV に感染しているということになるが，地域別に見るとアフリカサハラ以南に多く，68%を占めていた。また，新規感染者の68%，AIDS による死亡の76%もアフリカサハラ以南の国々で発生していた。アフリカサハラ以南と比較するとまだ少ないが，ロシア，中国，インドといった大国で HIV 陽性者が増えており，感染拡大防止策と PHA への適切なケアの提供が求められている。

第8-1表　地域別 HIV/AIDS の統計（2007年末）

地域	PHA（万人）	新規 HIV 陽性者（万人）	成人*の HIV 感染割合（%）	AID による死亡（万人）
アフリカサハラ以南	2,250	170	5.0	160
北アフリカ・中東	38	3.5	0.3	2.5
南・東南アジア	400	34	0.3	27
東アジア	80	9.2	0.1	3.2
中南米	160	100	0.5	5.8
カリブ海地域	23	1.7	1.0	1.1
東欧・中央アジア	160	15	0.9	5.5
西欧	76	3.1	0.3	1.2
北米	130	4.6	0.6	2.1
豪州・ニュージーランド	7.5	1.4	0.4	0.1
合計	3,320	250	0.8	210

（出所）　UNAIDS. AIDS Epidemic Update December 2007.
　　（http://www.unaids.org/）より著者が作成。* 成人とは15〜49歳のことを示す。

2．HAARTの効果と普及

　HIVは体内の免疫機能を司る細胞に感染し，その細胞を破壊する。そのため，免疫機能が荒廃し，肺炎や結核など日和見感染症を発症し，死に至る。患者がHIV陽性で，23の日和見感染症などの疾病や症状を有する場合にAIDSと診断される。現在まで，HIVを根治する治療薬は開発されていないが，HIVの増殖を抑え，HIVにより弱体化した免疫機能を回復・維持する上で効果がある治療法は開発されており，それがHAARTである。一般に，抗HIV薬を3種類組み合わせた治療法のことをHAARTといい，1996年から欧米で導入され，PHAの死亡率が大きく低下し，日和見感染症等による入院患者が激減した。HIV/AIDSの位置づけを外来受療で管理可能な慢性感染症に変えた画期的な治療法である。

　しかし，発展途上国の政府やPHAにとっては，抗HIV薬の価格が高いために，HAARTは容易に利用できる治療法ではなかった。例えば，2000年の時点で，抗HIV薬の先発医薬品の価格は患者1人1年間約1万ドル（約120万円）であった[2]。HAARTを受け始めた患者は，原則として，生涯抗HIV薬を服用し続けなくてはならない。そのため，政府としても持続的にHAARTを提供するための財政的基盤と保健医療制度の整備に関しての目処が立たない限り，対象者にHAARTを提供するプログラムを導入することは困難であった。

　2000年以降，このような発展途上国のPHAがHAARTを利用できない状況を改善するために，様々な取り組みがなされた。まず，2000年9月の国連ミレニアムサミットにおいて，21世紀に国際社会が取り組むべき目標，いわゆる国連ミレニアム開発目標が示された。その8つの目標の中にHIV/エイズ，マラリア，その他の感染症蔓延の防止があげられた。HIV/AIDSについては，2015年までにその蔓延を阻止し，その後減少させるという目標が掲げられている[3]。また，2000年に開催されたG8九州沖縄サミットで発展途上国の感染症の問題が取り上げられたことをきっかけとして，2001年にエイズ，結核，マラリアへの対策のために世界基金が設立された。2007年8月末までに約81億ドルが拠出されており，136カ国450の案件への支援が承認されている（2006年11月現在）。日本は，6億6267万ドルを拠出しており，米国と

フランスに次ぎ3番目の出資国である[4]。更に，2003年には米国大統領エイズ救済緊急計画（The President's Emergency Plan for AIDS Relief, 以下 PEPPAR）が創設された[5]。

　抗HIV薬の製造という点についても変化があった。2000年にブラジルが後発医薬品の抗HIV薬を製造し始めた。後発医薬品によるHAARTの価格は患者1人に対して1年間2767ドルで，当時のオリジナル医薬品を使用した場合の価格（1万439ドル）の4分の1程度であった。その翌年に，インドのシプラ（Cipla）社は350ドルでのHAARTの提供を実現した。タイでも同じ頃に低価格の抗HIV薬を製造・販売し始めた。このような抗HIV薬市場における後発医薬品の流通は，先発医薬品の抗HIV薬の価格を低下させることになり，前述の様に，2006年には140ドル程度でHAARTを提供できるようになった[6],[7]。

　この様な国際的な取り組みや抗HIV薬の価格の下落などを受けて，2003年に，WHOとUNAIDSは発展途上国におけるHAARTの普及を目指した「3by5戦略」（2005年末までに300万人を治療する戦略）を立ち上げた[8]。発展途上国政府や援助国，国連機関や国際機関に対して，発展途上国におけるPHAの治療へのアクセスを改善するように資源を投入し，保健医療システムを整備することを呼びかけたのである。発展途上国では，2003年末時点で40万人がHAARTを利用していたが，それはHAARTを必要とするPHAの7%に過ぎないと推計されていた。2005年末にはそれらの値は130万人，20%へと上昇した[9]。目標としていた300万人には達しなかったものの，発展途上国のPHAのHAARTへのアクセスは改善された。特にアフリカサハラ以南では3年間で利用者の割合が2%から17%へと増加した。現在では2010年までに必要な人がHAARTを利用できるようにすることを新たな目標としてその取り組みは継続している[10]。

　HAARTの普及を促進していくには，その処方を標準化することが不可欠である。抗HIV薬はその作用から3つのグループに分けることができ，グループごとに複数の薬剤がある。例えば，2007年4月現在日本で承認されている抗HIV薬は21種類であった[11]。WHOは発展途上国におけるHAARTの第1選択と第2選択薬に関するガイドラインを作成しており，各国における

HAARTに関する指針を作成する際の基礎となっている[12]。

このように，HAARTの普及のために，国際的な財政的資源の動員や技術的支援と各国政府の取り組みが行われている。発展途上国において，必要な人がHAARTを継続して受けられるようにするには，抗HIV薬の価格が支払い可能なレベルまで低下することが必須である。抗HIV薬は長年使用をしていると，HIVがその薬剤に耐性を持つようになり，薬効が持続しなくなったり，中毒が発生することがあるため，他の組み合わせ（第2選択薬）に移行することが必要となる。第1選択薬については，価格が低下したが，第2選択薬については第1選択薬に比べると高価であり，多くの発展途上国ではそれを持続的に提供することは難しい。更に，第2選択薬についても第1選択薬の時と同様に，いずれは他の組み合わせに変更をしなければならなくなる。そのため，新薬へのアクセスが確保されることが，PHAの持続的なケアを考える上では重要となる。通常，新薬の成分や製造方法は特許によって保護されていることから価格も高く，発展途上国のPHAがその恩恵をうけることは容易ではない。特許と公共の利益とのバランスをうまくとることが不可欠であるが，その調整をするための重要な枠組みの一つにWTOのTRIPS協定がある。次節では，TRIPS協定の背景と抗HIV薬に関する動きについて概観する。

第2節　WTOとHAARTの普及

1．WTOとTRIPS協定

1995年1月1日にWTOが設立された。WTOの目的は，世界の貿易に関する障壁を削減するために，国際的な交渉の場を提供し，貿易の基本ルールを決めていくことである。1948年に貿易と関税に関する一般協定（General Agreement on Trade and Tariffs，以下GATT）が取り決められ，国際的な交渉を通してモノの貿易に関する国際的なルール作りが行われてきた。1986年から94年にかけて，ウルグアイラウンドと呼ばれる交渉においてWTOが設立されることとなった。WTOはGATTの取り決めを引き継ぐとともに，新たにサービスの貿易や知的所有権に関する交渉の場も提供しており，2007

年現在150カ国が加盟をしている[13]。

　TRIPS協定とは，著作権，商標権，特許権といった知的所有権の貿易関連の側面に関して定められたルールである。日常的に売買をされている財やサービスは，発明や技術革新，研究，デザインといった知識やアイデアによるものが多い。また，音楽や出版物などにおいても，情報や創造性といったものに対して人々が価値を見いだし，売買されている。そのため，それらの発明や技術革新，情報などをもたらした人々の知的所有権が保護され，適切な報酬を得られるようにすることが必要となる。しかし，これらの知的所有権を保護するための法律やその対応は国により異なっており，1つの国では知的所有権が保護されていても，その貿易相手国では保護が不十分であるため，コピー商品の売買がなされてしまい，それが貿易に関する国際的な紛争の要因ともなっていた。そこで，ウルグアイランドにおいてこの問題への対応策が協議され，WTOにおいてTRIPS協定が結ばれることとなった。TRIPS協定は，外国人も自国民も同等に待遇すること（内国民待遇）と，どの国も同等に待遇すること（最恵国待遇）という基本原則をもとに，WTO加盟国において，知的所有権の保護に関する適切な基準を設けることを目指している。

　WTO加盟国のうち，先進国については，WTO設立1年以内にTRIPS協定が適用できるように国内の法律や制度を整えることが義務づけられた。移行経済国と発展途上国については，5年間の猶予が与えられた。また，特許権に関しては，発展途上国は10年間の猶予が与えられた。更に，最貧国については，TRIPS協定については2006年まで，医薬品の特許権についてのみ2016年まで猶予期間が設けられた[14]。

2．TRIPS協定と医薬品

　多くの発展途上国では特許を保護するための法律の制定や制度の整備が遅れていたため，安価なコピー医薬品を製造・販売することができた。TRIPS協定に則り国内の体制を整備していくと，加盟国は，医薬品自体，又は医薬品の製造過程（製造方法や成分）に関する特許を，特許の申請から少なくとも20年間は保護することになる。その間にその後発医薬品を生産する場合には，特許権を有する企業に対して適切な特許料を支払う必要が出てくる。そのため，

WTO に加盟する発展途上国においては，医薬品の価格に大きな影響があることは避けられない。

TRIPS 協定に則って国際的に特許が保護されるようになることにより，医薬品やその製造方法を発明した人や組織が適切な報酬を受けられるようになることが期待されている。医薬品を開発していく上では多額の投資と長い研究年月が必要であり，その全てが必ずしも医薬品として市場で販売できるようになるわけではない。そのようなリスクを負いながらの研究開発であるため，製薬企業の立場からすると，新しい医薬品からはその投資に見合う金額の回収をしたいと考えるのは不思議ではない。特許が保護されることで，新薬が発売されて間もなく安価なコピー薬が自由に製造販売されるような状況が少なくなっていくことが望ましいのである。そのような環境が整備されることで，次の技術革新を生み出しやすくなるとも考えられている。更に，TRIPS 協定のもと，ある国において特許が保護された医薬品については，その製造方法や成分が公開されることになるため，他者がその技術について研究することができるようになる。そして，保護期間終了後には，その医薬品を後発医薬品として製造販売することも可能となる。

その一方で，特許権が保護されている間は他社が後発医薬品を安価に製造販売することが難しくなる。そのため，その医薬品の製造販売はほぼその企業による独占状態がしばらく続くことになることから，価格は下がりにくくなり，発展途上国の患者の多くはその医薬品を利用することができなくなる可能性が出てくる[15]。特に，抗 HIV 薬のような多くの患者の命に関わる医薬品へのアクセスが制限されるということにもつながる。それは国の経済発展にも大きな影響を与えうるし，人道上許されがたいことであるため，TRIPS 協定には，特許の保護については，各国政府が状況に応じて柔軟に対応できるような条項が設けられている。

TRIPS の第 31 条「特許権者の承諾を得ていない他の使用」は，「加盟国の国内法令により，特許権者の許諾を得ていない特許の対象の他の使用（政府による使用又は政府により許諾された第三者による使用を含む。）を認める・・・」としている。そして，その要件として，第 31 条 (b) で「他の使用は，他の使用に先立ち，使用者となろうとする者が合理的な商業上の条件の下で特許権者か

ら許諾を得る努力を行って，合理的な期間内にその努力が成功しなかった場合に限り，認めることができる。加盟国は，国家緊急事態その他の極度の緊急事態の場合又は公的な非商業的使用の場合には，そのような要件を免除することができる。」としている[16]。「他の使用」についての具体的な記述はないが，代表的なものは強制実施権（compulsory licensing）と並行輸入（parallel imports）である[17]。

　強制実施権とは，政府が特許権所有者の同意なしに，特許により保護されているモノ（この場合は医薬品）の生産を許可することである。通常は，対象となる医薬品を製造するために，特許権所有者から特許使用の同意を得ようと試みたが，それがうまく行かない場合に，政府が強制実施権を発動することになる。その場合も，特許権所有者に対し適切な特許使用料を支払うことになる。しかし，国家緊急事態などの場合はその手続きを踏まなくてもよいということになっている。強制実施権が発動されることにより，国内で対象となる医薬品の後発医薬品を製造することができるようになるが，どのような場合が国家緊急事態なのか，ということについての明確な基準は示されてはいない。

　並行輸入とは，ある国で特許権所有者またはその同意のもとに販売されているモノについて，特許権所有者の同意なしに輸入することである。例えば，ある会社が特許権で保護されている医薬品をA国でもB国でも販売していたが，B国での値段の方が安かったため，A国の別の会社がB国からその医薬品を輸入した場合がそれに該当する。

　この様に，TRIPS協定では，各国における医薬品へのアクセスと新薬開発を促進するための特許権の保護とのバランスをとるための条項が設けられている。WTOが設立された1995年以降，HIV/AIDSが社会基盤を揺るがすほどに大きな問題になった国が増えていった。既述したように，先進国ではHAARTが導入されたことでエイズの発症や死亡率が激減したが，発展途上国ではその費用が高いために，患者の多くはこの治療法の恩恵を受けることができなかった。HIV/AIDSが深刻な問題となっている発展途上国はHAARTへのアクセスを改善するためにTRIPS協定の柔軟性を活かすこともできたが，ほとんどの国が利用しなかったし，利用しようとした国は多国籍製薬会社や米国政府からの圧力を受けることとなった。

南アフリカ共和国（以下，南ア）がその一例である。南ア政府は，1997年に医薬品と関連物質の管理に関する法律 (Medicines and Related Substances Control Amendment Act, No.90 of 1997) を改正した。南ア政府は，この法改正により，多くの国民が支払い可能な医薬品の流通量を増やすために，後発医薬品の並行輸入と国内での生産と医薬品の価格に関する透明性を高めることを促進しようとしたのである。しかし，1998年，南アフリカ製薬協会 (South African Pharmaceutical Manufacturers Association) と製薬会社40社は，この法改正がTRIPS協定に違反しているとして，南アの裁判所に南ア政府を訴えた。当初，欧米政府は製薬会社側を支持しており，貿易に関する制裁をちらつかせながら南ア側に法律改正の取りやめを迫った。これに対し，HIV/AIDS患者の団体やNGOがこの問題に対する効果的なキャンペーンを行い，米国政府は方針の変更を余儀なくされた。その後，主要都市でのデモンストレーションやヨーロッパ共同体の議会を含めたいくつかの政府や議会からの要請などもあり，2001年4月に製薬会社側が訴訟を取り下げた[18]。

2000年時点での南アにおけるHIV感染者数は470万人，出産前健診を受けた女性の24.5%がHIV陽性であった。南アにとってHIV/AIDSは，国の存亡に関わる位の大きな健康問題であるが，抗HIV薬やその他の必須医薬品を国民が利用できるようにするための対応を行ったところ，TRIPS協定に違反しているとして，提訴された。そのため，この出来事は，TRIPS協定に設けられている柔軟性の解釈とその実行について改めて国際的な合意を形成することが必要であることを示した[19]。

3．ドーハ宣言

上述した南アにおける法廷闘争が進行している間，TRIPS協定と医薬品へのアクセスに関連する問題点はWHOやUNDPのような国連機関やNGOの国際会議などでも取り上げられた。また，1999年にシアトルで行われたWTOの閣僚会議においては，米国政府が知的所有権と医薬品へのアクセスに関する政策転換することを宣言し，翌年には，アフリカサハラ以南の国々が強制実施権を利用してHIV/AIDS感染者の抗HIV薬へのアクセスを改善するための支援をするという大統領命令が，クリントン大統領（当時）より出された[20]。

このような国際的な議論を受けて，2001年にカタールのドーハで開催されたWTO閣僚会議において，TRIPS協定に記載されている柔軟性の解釈とその利用に関する関係各国の権利を明確にするための話し合いをすることになった。そこで合意されたことが，TRIPS協定と公衆衛生に関する宣言として発表された（第8-2表）。

この宣言により，知的所有権の保護よりも健康が優先されることと，特許の強制実施権や並行輸入などの対策をとるための前提である「国家的な緊急事態」の判断については各国政府に任されるということが確認された。そして，その「国家的な緊急事態」の中にはHIV/AIDSも含まれたのである。

一方で，医薬品を自国内で製造できない，又はその製造能力が低い国が必要な医薬品をどのように確保するのかという課題は未解決のままであった。TRIP協定では，強制実施権を行使したことによって生産されたモノは基本的にはその国内でのみの使用となっており，生産量の半分までしか輸出ができないという規定がある。これがあると，製薬能力がない，又は低い国にとっては強制実施権の効力を十分活かすことができない。この点については，2003年8月にジュネーブで開催されたWTO理事会で追加的な柔軟性を付与することで合意がなされ，輸出量に関する規定も免除することになった。強制実施権を行使した際には，特許保有者に適切な金額を支払うことになるが，この場合は，輸出国が輸入国の輸入量の価格に応じて特許権保有者に行うこととなったのである。また，先進国はそのような医薬品を輸入しないことを宣言した。上記の合意は一時的なものであったが，2005年に香港で行われたWTO閣僚会議で，2007年12月1日までに加盟国の3分の2が批准した場合には，この合意に則りTRIPS協定の改定することとなった[21]。

4．ドーハ宣言以後

ドーハ宣言や，その後のWTO理事会における後発医薬品の輸入に関する取り決めなどにより，制度上は発展途上国にとって抗HIV薬のアクセスを改善するための選択肢が増えたことになる。しかし，ドーハ宣言が出されてから2007年5月までで，抗HIV薬の強制実施権の発動や並行輸入を実施した発展途上国は12カ国であったとの報告もあり[22]，TRIPS協定の柔軟性を十分に生

第8章　WTOと発展途上国におけるHIV/AIDS治療へのアクセス　115

第8-2表　TRIPS協定と公衆衛生に関する宣言（骨子）

1. HIV/AIDS，結核，マラリアや他の感染症といった途上国等を苦しめている公衆衛生の問題の重大さを認識。
2. TRIPS協定がこれらの問題への対応の一部である必要性を強調。
3. 知的所有権の保護の，新薬開発のための重要性を認識。医薬品価格への影響についての懸念も認識。
4. TRIPS協定は，加盟国が公衆衛生を保護するための措置をとることを妨げないし，妨げるべきではないことに合意。公衆衛生の保護，特に医薬品へのアクセスを促進するという加盟国の権利を支持するような方法で，協定が解釈され実施され得るし，されるべきであることを確認。
5. TRIPS協定におけるコミットメントを維持しつつ，TRIPS協定の柔軟性に以下が含まれることを認識。
    (a) TRIPS協定の解釈には国際法上の慣習的規則，TRIPS協定の目的を参照。
    (b) 各加盟国は，強制実施権を許諾する権利及び当該強制実施権が許諾される理由を決定する自由を有している。
    (c) 何が国家的緊急事態かは各国が決定可能，HIV/AIDS，結核，マラリアや他の感染症は国家的緊急事態と見なすことがあり得る。
    (d) 知的所有権の消尽に関して，提訴されることなく，各国が制度を作ることができる。
6. 生産能力の不十分または無い国に対する強制実施権の問題はTRIPS理事会で検討し，2002年末までに一般理事会に報告。
7. 後発開発途上国に対する技術移転促進を再確認。後発開発途上国に対して2016年1月まで医薬品に関しては経過期間を延長。66.1の経過期間の延長を求める権利を妨げない。

（出所）　外務省ホームページ。
　　　　（http://www.mofa.go.jp/mofaj/gaiko/wto/wto_4/trips.html　2006年12月16日閲覧。）

かしきれていないと言われている[23]）。

　このような状況が起こっている要因として，現在，発展途上国で利用されている抗HIV薬の価格が既に低いということがあげられる。2001年以降，抗HIV薬の後発医薬品が製造・販売されるようになり，価格が大幅に低下したため，多くの発展途上国にとっては，慌ててTRIPS協定の柔軟性を利用する必要性がそれほど高くはないということなのかもしれない。また，発展途上国の保健省の薬剤を担当している部署が知的所有権に詳しくない傾向があり，どのようにTRIPS協定を活用してよいのか十分に理解していないとも言われている。そして，発展途上国の多くが，TRIPS協定の柔軟性を活用することが自国の貿易に不利に働く可能性を懸念している。ドーハ宣言やその後のWTO理事会の合意により，知的所有権よりも自国民の健康を優先しても良いという

ことが国際的に認知されたが,それを具体化することで,知的所有権の保護を積極的に推進している米国の怒りを買うことにつながることを恐れている[24]。

現在,価格が下がっている抗HIV薬はいわゆる第1選択薬であり,数年間服用すると患者が中毒を起こしたり,HIVが抗HIV薬に対して耐性を持ち始めたりするという問題が発生する可能性が高くなる。また,副作用の問題などもあり,患者が治療を継続していくためには,第2選択薬以降の医薬品へのアクセスも確保されることが重要となってくる。例えば,国境なき医師団[25]によると,南アフリカでHAARTを5年間受けた者のうち17.4%は第2選択薬に移行しなくてはならなかった[26]。また,別の調査では,1年あたり患者千人につき4.4人が第2選択薬に移行したという推計もある[27]。しかし,それらの医薬品の価格は依然として高く,患者1人に年間1500ドルかかるとの報告もある[28]。そのため,発展途上国の多くにとってTRIPS協定の柔軟性を活用する必要性が高くなる日は遠くないかもしれない。その際,発展途上国側としては,医薬品を担当している保健省の部署が貿易や特許を管轄している部署と連携をとり,準備を進めていくことが重要となる。また,国内の法律や政策にTRIPS協定の柔軟性を活かせるようにするための技術的な支援も必要である。

そんな中,タイ政府は2006年11月に米国のメルク社(Merck Ltd.)の抗HIV薬であるエファヴィレン(efavirenz)に関する強制実施権を発動し,タイの政府系製薬組織(Governmental Pharmaceutical Organization,以下GPO)にその製造と,インドの製薬会社が製造している後発医薬品の輸入を許可した。また,2007年1月には米国のアボット社(Abbot Ltd.)のカレトラ(Kaletra)についても強制実施権を発動した。

現在,タイ国のPHAは約50万人と推計されている。タイ政府は2003年10月に抗HIV薬を必要とする患者がそれを利用できるようにするためのプログラムであるNAPHA(The National Access to Antiretroviral Program for People living with HIV/AIDS)を始めた。2007年現在,NAPHAと他の医療保障制度により給付を受けている患者とを合わせると,約10万人が抗HIV薬を服用している[29]。今後,毎年2万人の新たな患者が抗HIV薬を必要とするとも推計されているため,HAARTの提供を持続していくためには,低価格の抗HIV薬が持続的に供給されることが不可欠であり,そのためには後発

医薬品の安定供給が鍵となる。

　NAPHA 開始後，GPO が製造した後発医薬品である GPO-VIR が第1選択薬として用いられてきた。しかし，既述したように，第1選択薬を数年間服用すると，HIV がそれらの医薬品に耐性を持つようになるため，第2選択薬に適宜変更していくことが必要になる。また，患者の 20～25％は重度な発疹などの副作用により，GPO-VIR を継続して服用できないため，安価な第2選択薬を利用できる様にすることが，患者のケアを継続していくためには不可欠である。先進国では第1選択薬として利用されているエファビレンは，副作用が少なく，治療の継続が容易である。しかし，エファビレンの価格は1人年間 500 ドルで，GPO-VIR の3倍以上である。また，カレトラは，常温での保存が可能となったため，タイを含めた多くの発展途上国にとっては利用しやすい第2選択薬であるが，これも1人年間 2200 ドルかかり，タイ政府にとっては財政的に負担可能な価格ではなかった。タイでカレトラを利用できるようになれば，8000 人の PHA の命を救うことができるとも言われている[30]。価格が下がらなければタイの PHA がこれらの抗 HIV 薬を利用できるようにはならないが，そのための現実的な方法が，強制実施権を発動して後発医薬品を製造するか輸入することであった。

　WTO 加盟国において，強制実施権の発動は，各国政府の裁量で決めることができると合意し，ドーハ宣言にもそれが謳われていることは既に述べたが，タイ政府の行動への米国政府や製薬会社の反応は厳しいものであった。アボット社はタイでのカレトラの登録と販売を中止した。また，米国政府はタイ国を通商法スペシャル 301 条に基づき，知的財産権保護に関する「監視国」から「優先監視国」へと格下げした[31]。また，米国政府は，タイ国からの製品の一部を一般特恵制度から除外する可能性があるとも言われている[32]。更に，米国の圧力団体はタイ国内の英字新聞に強制実施権発動による弊害に関する広告を掲載し，米国と貿易などの経済的なつながりのあるタイのビジネスグループなどへ，強制実施権発動取り下げを働きかけた[33]。

　一方，メルク社はタイ政府に対し，エファビレンの強制実施権発動の取り下げを条件に，価格をそれまでのおおよそ半額である年間1人当たり 280 ドルまで下げ，更に小児エイズ患者 2500 人分の抗 HIV 薬を提供するという譲歩案を

提示してきた[34]。その価格は，インドの製薬会社に発注したエファビレンの後発医薬品よりも15%高かった。また，アボット社は強制実施権発動の中止を条件に，カレトラをそれまでの価格の約半分に相当する年間1人1000ドルにするという案を提示してきたが，タイ政府が要求している価格との間には依然として大きな隔たりがあった[35]。

この様に，特許を保有する製薬会社やその本社がある国からの強制実施権発動に対する圧力は大きく，多くの発展途上国にとってその運用は容易ではないことを伺わせる。近年，医薬品に関する特許を含めた知的所有権の保護をより強化しようとする動きは，二国間や地域内での経済や貿易の活性化を目指した協定である自由貿易協定（Free Trade Agreement，以下FTA）の交渉においても加速している。FTAを結んだ国は，そうでない国に比べて先進諸国と有利な条件で経済活動を行うことが期待されるが，その際に発展途上国側は，知的所有権に関してはTRIPSよりも厳格なTRIPSプラスの受け入れを要求されることになる。

TRIPSプラスに付加される条項としては，①データ独占権（data exclusivity）を認めること，②医薬品の特許と当該国における登録をリンクさせ，医薬品行政当局がその管理をすること，③特許権保護の期間を20年よりも長くすること，④これまで使われてきた物質の新たな使用についても特許を認めるようにすること，⑤強制実施権発動を制限すること，である[36]。

データ独占権については，米国がこれまで結んできた，又は現在交渉中のFTAにおいては，当該政府が医薬品の認証後5年間，その医薬品の特許権保有者に対してその医薬品に関するデータの独占権を認めることを義務づけるものとなっている。データ独占権が認められている期間は，他の製薬企業はその医薬品に関するデータを利用できないため，後発医薬品を製造するための研究に着手することができなくなることから，後発医薬品が市場に出る時期を遅らせることにつながる。また，医薬品の特許と登録のリンクについては，当該国で後発医薬品の登録する際に，その医薬品やその成分が特許の対象になっている場合は，登録を許可しないということを当該国の医薬品行政担当部署に義務づけるということである。その他3つの条項についても知的所有権の保護を強化し，結果として後発医薬品の開発や販売に関する障壁を高くすることになる。

米国とベトナム及びラオスとのFTAにはデータ独占権が，中米5カ国とのCAFTA（Central American FTA）にはデータ独占権と特許期間の延長という条項がそれぞれ付け加えられていた[37]。また，同様の交渉がタイ国を含む多くの発展途上国との間で進行中である。FTAを通した知的所有権保護の強化が，後発医薬品の開発を遅らせ，発展途上国における抗HIV薬へのアクセスを悪化させることが懸念されている。このような状況に対し2006年6月に，南米10カ国の保健大臣が二国間又は域内におけるFTAでのTRIPSプラスを阻止するための共同宣言を発表した[38]。一方，米国においても，PEPFARが発展途上国のPHAに抗HIV薬を効率的に届ける上で，相対的に安価な後発医薬品を活用することを検討せざるを得なくなってきており，知的所有権保護の強化をすることがPEPFARの目標達成の妨げになりかねないというジレンマに直面している[39]。

第3節　抗HIV薬へのアクセスを確保するために

WHOのマクロ経済と健康委員会は，疾患を(1)先進国と発展途上国の両方で発生するもの，(2)先進国と発展途上国の両方で発生するが，患者の多くが発展途上国にいるもの，(3)主に発展途上国のみで発生するもの，という3つに分類している。そして，その中でHIV/AIDSは，2番目に分類されるとしている[40]。HIV/AIDSの治療薬の開発を主に行ってきたのは，先進国の製薬企業を中心とする民間部門であった[41]。発展途上国に多くの患者がいるが，その主な対象は先進国の患者であった。医薬品の開発には研究のための膨大な費用がかかるが，研究が全て新薬に結びつくわけではないというリスクも抱えている。そのため，新たな成分や製造方法が開発された場合には，それらが特許により一定期間保護され，特許権保有者が独占的にそれらを製造販売できることが民間企業にとっては医薬品開発の重要な条件となる。また，開発される医薬品の大半が，製品化した後の早い段階で費用を回収することができる市場を持っている先進国向けになることは自然である。

これまで多くの発展途上国にとっては，それら先進国向けに開発・製造され

た医薬品の価格が下がってから，又はその後発医薬品を利用するのが一般的であった。1995年以降，TRIPS協定に則り各国で医薬品の特許権を含む知的所有権に関する法整備が進められてきた。2005年には，最貧国を除く発展途上国では特許法の制定又は改正が行われた。インドは後発医薬品供給大国であり，例えば，世界各地でHIV/AIDS患者のケアを行っている国境なき医師団が利用している抗HIV薬の80%以上はインドの製薬企業による後発医薬品であった[42]。特許法が改正されたのちも2005年までに販売されていた医薬品については引き続き後発医薬品を製造することができるが，2005年以降に特許が認められた医薬品については，その後発医薬品を製造することは難しくなる[43]。特許法の整備が進むにつれて，インド国内の製薬会社の行動にも変化が現れ始めている。例えば，発展途上国向けに開発された医薬品の割合が18%（1998年）から10%（2004年）に低下していた。これは，医薬品市場を確保するために，先進国向けの医薬品の開発が盛んになったためと言われている[44]。

これまでの医薬品の価格の動向から，後発医薬品が市場に出ることにより，先発医薬品の価格も低下することがわかっている。発展途上国におけるHAARTへのアクセスを改善するには，第2選択薬以降も含めた抗HIV薬の後発医薬品の開発と製造が必要である。しかし，TRIPS協定やFTAによるTRIPS協定プラスはそれを容易にしているとは言えない。

特許権の枠組み以外の方法による医薬品の開発と供給も試みられている。ブラジル，キューバ，中国，ナイジェリア，ロシア，タイ，ウクライナなどが参加して，HIV/AIDSにおける技術ネットワークを設立し，抗HIV薬を中心とした医薬品の開発・製造・配布における自立性を高めようとしている[45]。

発展途上国における抗HIV薬の普及割合を高め，持続していく上でもう一つの重要なことは，医薬品を提供するための財源を確保することである。この点については，PEPFARや世界基金が大きな役割を担っている。しかし，2007年の目標を達成するために必要な予算に対して80億ドル不足していた[46]。これまで行われてきた二国間や国際機関を通した資金援助は引き続き重要であるが，従来のやり方以外で財源を確保する方法についても検討して行かなくてはならない。そのような試みとして「プロダクト・RED」がある。これは「プロダクト・RED」というブランドの商品を様々な企業が開発し，

その販売収益の一部を世界基金に寄付をするというものである。既にこの方法で集められた資金がスワジランドとルワンダで2万人以上のPHAの医薬品の購入に充てられた[47]。また，フランス，チリ，モーリシャス，コートジボアールが国際線の航空券に課税（国際連帯税）し，その税収をアフリカでHIV/AIDSを含めた医療支援を行っている国際機関に拠出している。ブラジルや韓国もこのような国際税の導入を検討していることから，少しずつではあるが広がりをみせている[48]。

　本章では，国際貿易の枠組みであるWTOのTRIPS協定を社会経済的環境と捉え，それが発展途上国における抗HIV薬へのアクセスに対して与えている影響やアクセスを改善していく上での課題について概観した。
　2007年12月末現在，世界のPHAは3320万人で，その大半がアフリカサハラ以南の国々を中心とする発展途上国におり，そのうちHAARTを利用できている人は200万人で，それはHAARTを必要とする人の28%であった。2003年の時点では40万人であったため，この3年間でその数は5倍になった。WHOは，2010年までに必要な人がHAARTを利用できるようにするという目標を掲げているが，それは2010年末で980万人が利用するということに相当する。
　HAARTを必要とする全てのPHAが治療を受けることができるようにするためには，発展途上国が支払い可能な医薬品の開発及び供給と，安定した財源の確保が不可欠となる。前者については後発医薬品が大きな役割を担っている。発展途上国においては特許権に関する法整備が十分ではなく，後発医薬品も比較的容易に開発製造されていた。しかしTRIPS協定に則った法整備が行われることで特許権の保護が強化される。そのため，後発医薬品の開発や製造は容易ではなくなるが，各国の判断で必要に応じた強制実施権の発動や並行輸入を実施できることもWTOにおいて国際的に合意された。強制実施権は後発医薬品の製造を可能にするだけではなく，先発医薬品の価格交渉の手段としても有効である。ところが，発展途上国がそのような手段をとること自体が技術的に容易ではない上，その手段を行使した発展途上国への製薬会社や米国政府の反応は厳しい。また，FTAを通したTRIPSプラスの導入により，後発

医薬品の開発と製造や流通はますます容易ではなくなってきている。一方で，発展途上国間のパートナーシップによる医薬品の開発・製造の可能性が模索されているし，財源確保のための新たな仕組みも導入され始めている。

　自由貿易の推進は経済成長と発展につながる重要な経済活動ではあるが，その政策が国民の健康へ及ぼす影響は大きい。先進国と発展途上国の協調のもと，国際公共財とも言える抗HIV薬を含めた基礎的な医薬品へのアクセスを確保できるようなバランスのとれた対応が求められている。

注
1) UNAIDS/WHO (2007).
2) Wise, J. (2006).
3) 国連開発計画 (2003)。
4) 世界基金支援日本委員会。
5) 特定の疾患に対し，多年度にわたる取り組みとしては過去最大級のものである。5年間の主な目標は，⑴母子感染を含めた700万の新規HIV感染を予防する，⑵抗HIV薬を含めた治療を200万人に提供する，⑶1000万人のHIV陽性者とAIDS孤児にケアを提供する。これらの目標を達成するために，5年間の予算は150億ドルで，そのうちの10億ドルを世界基金に拠出する。(US Department of State. Bureau of Public Affairs. The United States Emergency Plan for HIV/AIDS Relief. http://www.state.gov/documents/organization/21313.pdf 2007年3月27日閲覧)
6) 組み合わせる薬剤の種類や国によってその価格は異なる。
7) ネーサン・フォード他。
8) 2003年時点で発展途上国においてHAARTが必要とされたPHAは600万人と推計されており，この戦略はその半分を目標値として定めた。2005年末までに18カ国がこの目標を達成できた。(WHO/ UNAIDS, 2006).
9) WHO/UNAIDS (2006).
10) WHO a (2006).
11) 国立国際医療センターエイズ研究開発センター (2007)。
12) WHO b.
13) WTO a.
14) WTO b.
15) ここでは途上国における医薬品へのアクセスと特許の問題について述べているが，先進国においても医薬品へのアクセスを確保するために，特許権を保護に対して柔軟な対応をしたケースがある（米国の炭疽菌事件への対応)。
16) 特許庁。
17) WTO c (2006).
18) 林達雄 (2005)。
19) South Africa Department of Health.
20) Hoen, E. (2002).
21) Westerhaus, M. and Castro, A. (2006).
22) James Packard Love.
23) Oliveirta M., et. al. (2004).

24) Wise, J. (2006).
25) 国境なき医師団　日本。
26) 国境なき医師団　日本 a。
27) 国境なき医師団　日本 b。
28) Steinbrook, R. (2007).
29) Bangkok Post, May 11.
30) The Nation, March 25, 2007.
31) 朝日新聞　2007年5月30日。
32) Bangkok Post, June 7, 2007.
33) Wise, J. (2006).
34) The Nation, June 2, 2007.
35) The Nation, July 9, 2007.
36) Correa, C. (2006).
37) UNDP (2005).
38) Khor, M. (2006).
39) Westerhaus, M. and Castro, A. (2006).
40) WHO Commission on Macroeconomics and Health (2001).
41) 伊藤萬里・山形辰史 (2004)。
42) 国境なき医師団　日本 a。
43) Mueller, J. (2007).
44) WHO c (2006).
45) Westerhaus, M. and Castro, A. (2006).
46) WHO a (2006).
47) 朝日新聞　2007年6月9日。
48) 朝日新聞　2007年5月11日。

参考文献

朝日新聞　2007年5月11日　五郎丸健一「広がる国際連帯税」。
朝日新聞　2007年5月30日　高野弦「薬の特許，誰のため」。
朝日新聞　2007年6月9日　平山亜理「買い物でエイズ対策」。
Bangkok Post, May 11, 2007, "Activists slam 'misleading' advert by US lobby group".
Bangkok Post, June 7, 2007, Treerutkuarkul, A., "Negotiations on drug prices hit deadlock".
Correa, C. (2006), "Implications of bilateral free trade agreements on access to medicines", *Bulletin of the World Health Organization*, 84(5): 399-404.
林達雄 (2005),『エイズとの闘い』岩波ブックレット No.524, 岩波書店。
Hoen, E. (2002), "TRIPS, Pharmaceutical Patents, and Access to Essential Medicines: a Long Way from Seattle to Doha", *Chicago Journal of International Law*, 3(1): 27-46.
伊藤萬里・山形辰史 (2004),「HIV/エイズ・結核・マラリア向け医薬品研究開発の趨勢」『アジア経済』XLV-11・12: 80-112。
Khor, M. (2006), "South American Ministers vow to avoid TRIPS-plus measures", TWN Info Service on WTO and Trade Issues. (http://www.twnside.org.sg/title2/twninfo414.htm　2007年6月8日閲覧)
国連開発計画 (2003),『ミレニアム開発目標 (MDGs) 達成に向けて』国際協力出版会。
国立国際医療センターエイズ研究開発センター (2007), HIV 患者ノート。(http://www.acc.go.jp/client/2007_dokuhon/note2007.pdf　2007年7月20日閲覧)

国境なき医師団　日本 a「インドにおける特許およびノバルティス社による訴訟に関する Q&A」。
　　(http://www.msf.or.jp/2006/12/20/5704/qa.php　2007 年 3 月 26 日閲覧)
国境なき医師団　日本 b「第二選択薬によるエイズ治療は、設備や人材が乏しい環境下でも有効」。
　　(http://www.msf.or.jp/2007/03/05/5744/post_70.php 2007 年 3 月 26 日閲覧)
Love JP., Recent examples of the use of compulsory licenses on patents, KEI Research.
Mueller, J. (2007), "Taking TRIPS to India", *The New England Journal of Medicine*, 356; 6: 541-543, Note 2007: 2. (http://www.eionline.org　2007 年 5 月 25 日閲覧)
ネーサン・フォード他,「途上国における HIV 治療」国境なき医師団　日本。(http://www.msf.or.jp/2006/12/11/5691/hiv_5.php　2007 年 3 月 26 日閲覧)
Oliveirta, M., et. al. (2004), "Has the implementation of the TRIPS Agreement in Latin America and the Caribbean produced interllectual property legislation that favours public health?" *Bulletin of the World Health Organization*, 82(11): 815-821.
世界基金支援日本委員会。(http://www.jcie.or.jp/fgfj/top.html　2008 年 1 月 9 日閲覧)
South Africa Department of Health, National HIV and Syphilis Sero-Prevalence Survey of women attending Public Antenatal Clinics in South Africa 2000. (http://www.doh.gov.za/facts/index.html　2007 年 7 月 18 日閲覧)
Steinbrook, R. (2007), "Thailand and the Compulsory Licensing of Efavirenz," *New England Journal of Medicine*, 356 (6): 544-546.
The Nation, March 25, 2007, "Abbot takes a tranquilliser, tells Thais: 'Talk to my boss'".
The Nation, June 2, 2007, "Merck lowers price of patented AIDS medicine".
The Nation, July 9, 2007, Tangwisutijit, N. "Abbot alleges double standards".
特許庁、TRIPS 協定。(http://www.jpo.go.jp/shiryou/index.htm　2007 年 7 月 20 日閲覧)
UNAIDS/WHO (2007), AIDS Epidemic Update.
UNDP (2005), *Free Trade Agreements and Intellectual Property Rights: Implications for Access to Medicines*, Bangkok, Thailand.
Westerhaus, M. and Castro, A. (2006), "How Do Intellectual Property Law an International Trade Agreements Affect Access to Antiretroviral Therapy?" *PLoS Medicine*, 3(8): 1230-1236.
WHO a (2006), Toward universal access by 2010.
WHO b, recommendations for clinical mentoring to support scale-up of HIV care, antiretroviral therapy and prevention in resource-constrained settings. (2006 年 8 月 http://www.who.int/hiv/pub/guidelines/en/　2007 年 7 月 18 日閲覧)
WHO c (2006), *Public health innovation and intellectual property rights. Report of the commission on intellectual property rights, innovation and public health*, WHO.
WHO Commission on Macroeconomics and Health (2001), *Macroeconomics and health*, WHO, Geneva.
WHO/UNAIDS (2006), Progress on Global Access to HIV Antiretroviral Therapy.
Wise, J. (2006), "Access to AIDS medicines stumbles on trade rules," *Bulletin of the World Health Organization*, 84(5): 342-344.
WTO a. (http://www.wto.org/　2007 年 7 月 20 日閲覧)
WTO b, Intellectual property: protection and enforcement. (http://www.wto.org/english/thewto_e/whatis_e/tif_e/agrm7_e.htm　2007 年 5 月 20 日閲覧)
WTO c (2006), TRIPS and Pharmaceutical patents.

(北島　勉)

第 3 部

環境と資源循環

第 9 章

廃棄物処理の経済学的側面

　さまざまな環境問題に関心が集まっていくなかで，廃棄物処理やリサイクルへの関心も高まりつつある。廃棄物に関連する問題をどのように解決していくかということは，工学的な側面や法律的な側面，そして経済学的な側面など，さまざまな観点からアプローチしていくことが可能である。かつての経済学の枠組みでは，財を生産し，そして消費するところまでをおもな研究の対象としていた。その対象範囲を拡大することにより，近年では，廃棄物の問題についての経済学的な考察も盛んにおこなわれるようになってきている。

　廃棄物の問題の特徴的なところは，経済活動に伴って発生する不要なものについて，その排出だけでなく，排出したあとの処理まで関係してくるという点である。こうした側面は，大気汚染などの他の環境問題とは異なる性質として捉えることができる。

　こうした性質の違いは，政策を考えていく上でも重要である。経済学では，環境問題を外部性の1つとして捉えているが，上述のような性質の違いのため，外部性のあり方も異なっているとして，廃棄物の問題を考察する必要がある。したがって政策における経済的な意味付けも異なったものとなる。

　本章では，日本の廃棄物処理の現状を概観した上で，排出したあとに起こりうる2つの問題を取り上げる。1つは不法投棄・不適正処理の問題であり，もう1つは最終処分場の問題である。不適正処理は環境に影響をもたらすものであり，重要な課題の1つである。また最終処分場の容量は有限であるため，廃棄物処理・リサイクル全体を考える上で無視できないものである。

　こうした問題を考えていく上で，適正な処理をおこなうことや，廃棄物の発生抑制，再使用，再生利用を推進していくことが重要である。また処理にかかる費用をどのように支払わせるか，という点についても考えていかなければな

らない。これらについての経済的意味付けを整理しておくことも重要である。

近年では，廃棄物処理・リサイクルの国際的な側面も重要なものとなっている。たとえば，有害廃棄物が海外へ不正に持ち出されてしまうようなことは，環境汚染の越境移動的な側面を持っている。また再生資源や中古品の輸出入が拡大していくなかで，輸出先での新たな環境汚染が引き起こされることも懸念されている。従来の枠組みをどのように適用させていくかを考えていかなければならなくなってきている。

なお本章の構成は以下のとおりである。まず第1節において，日本の廃棄物処理の現状について，近年の数字を取り上げ，いくつかの問題を提示する。つづく第2節では，廃棄物をいかに適正に処理するかということと，廃棄物の発生抑制について，経済学的な考察をおこなう。ここでは特に発生抑制の重要性について指摘する。また処理費用の支払いについても併せて取り上げる。第3節では，近年，中古品や再生資源が輸出されている状況を踏まえ，第2節での議論を国際資源循環の枠組みに応用する。そして第4節で本章のまとめをおこなう。

第1節　廃棄物処理の現状

1．廃棄物処理のフロー

本節では，日本における廃棄物処理の現状について，簡単に整理していくことにしよう。廃棄物は「廃棄物の処理及び清掃に関する法律」（廃棄物処理法）において，一般廃棄物と産業廃棄物に区分されている。産業廃棄物は，事業活動に伴って発生する廃棄物のうち，法律や政令で指定されたもののことを言い，それ以外のものを一般廃棄物と呼んでいる。私たちの生活から出るごみは一般廃棄物に含まれる[1]。

第9-1図は一般廃棄物の排出量の推移を示したものである。総排出量は，この10年は5200万トンから5500万トンの範囲で推移している。2000年度をピークとして近年は減少が続いており，2005年度は5273万トンとなっている。これはピーク時の3.8％減になる。一方，1人1日あたりの排出量は1100

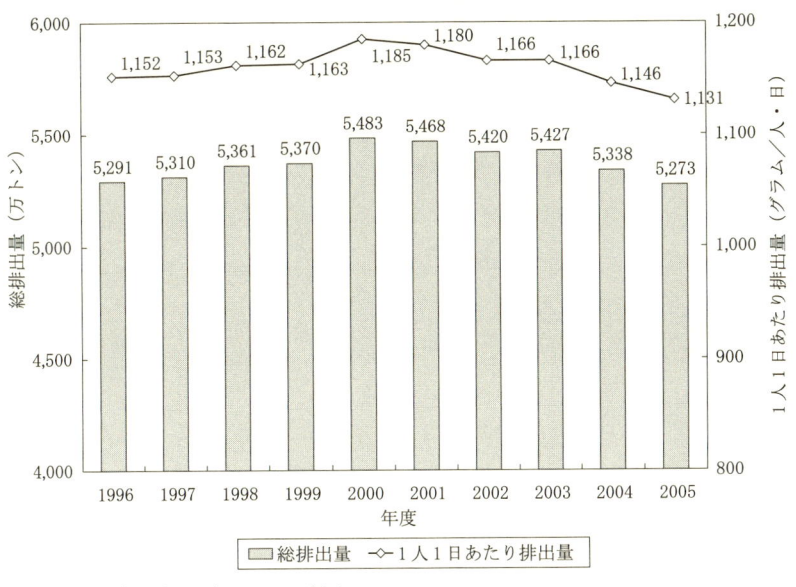

第 9-1 図　一般廃棄物の総排出量および 1 人 1 日あたり排出量

（出所）　環境省（2007a），1 ページより。

グラム台で推移しており，2005 年度は 1131 グラムでピーク時の 4.6％減である。このように，近年の総排出量および 1 人 1 日あたり排出量はともに減少傾向にあることがわかる。

　では排出されたものは，どのように処理されているだろうか。これは第 9-2 図から読み取ることができる。排出されたもののうちの大部分は中間処理をおこなっている。中間処理とは，焼却や破砕・圧縮などによって収集したものを減量・減容させることである。2005 年度の数字をみると，中間処理量 4578 万トンに対し，処理残渣量は 1038 万トンであるので，4 分の 1 弱まで減量化されていることがわかる。中間処理の大部分は焼却によるもので，2005 年度の数字は 3850 万トンである[2]。

　中間処理されたものの一部は再生利用される。集団回収や中間処理をせずに直接資源化したものと併せると 1003 万トンが資源化されている。また中間処理されたもののうち再生利用されない分は最終処分（埋め立て処分）される。中間処理を経ずに直接埋め立てられたものと併せて 733 万トンが最終処分され

第 9-2 図　一般廃棄物の処理フロー（2005 年度）

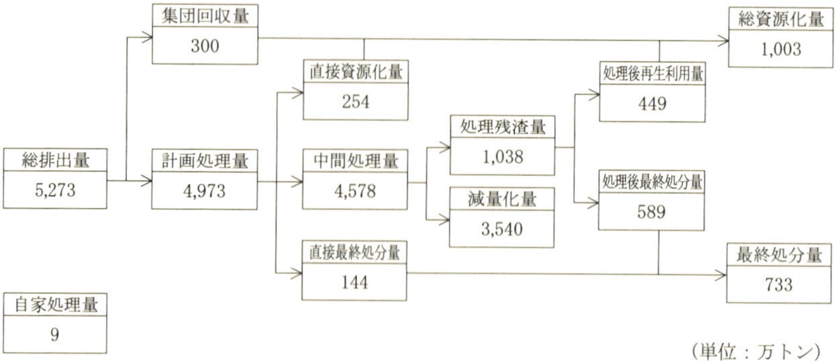

```
                    集団回収量                              総資源化量
                      300                                   1,003
                                  直接資源化量    処理後再生利用量
                                     254              449
                                                                    
  総排出量        計画処理量    中間処理量    処理残渣量   処理後最終処分量
   5,273           4,973         4,578        1,038          589
                                              減量化量                    最終処分量
                                              3,540                       733
                                  直接最終処分量
                                     144
  自家処理量
      9
                                                        （単位：万トン）
```

（出所）　環境省（2007a），3 ページより。

ている。このように排出されたものの最終的な行く先は，再生利用されるか最終処分されるかのいずれかになる。この点については，あとでまた取り上げる。

　廃棄物の話は，経済活動に伴って不要となったものを排出し，それを処理することに関連したものである。これは大気汚染のような問題とは少し異なる性質を持っている。たとえば大気汚染の場合は，経済活動に伴って発生する不要物（大気汚染物質）が環境中に排出されることによって，さまざまな影響をもたらしている。そして，大気汚染物質の発生・排出をどのように抑えていくかが議論の中心となる。

　一方，廃棄物の場合は，排出した不要物を収集して処理をおこなう。そしてその処理の段階においても影響が生じうる。あとで取り上げる不法投棄・不適正処理の問題がこれにあたる。そのため，たんに廃棄物の発生を抑えることだけでなく，排出したものをどのように処理するかということも重要になってくる。排出した主体とその処理をおこなう主体は通常は異なるため，適正な処理の経路にどのように乗せていくかがカギとなってくる。

　このように廃棄物の問題は，その発生・排出・処理という流れのなかで，環境への影響が生じないようにしていくことを考えていかなければならない。その際，モノの流れのどの段階で起こっているものかを整理しておくことが重要

である．こうしたことを踏まえて，不法投棄と最終処分場の問題について，順に取り上げていくことにしよう．

2．不法投棄

第9-3図は，産業廃棄物の不法投棄量および不法投棄件数を示したものである．2005年度の不法投棄量は17.2万トン，投棄件数は558件となっている．2000年ごろと比べると，不法投棄量および投棄件数ともに減少してきている[3]．

不法投棄・不適正処理は，環境に悪影響をもたらし，経済的な損失を生じさせる．原状回復には時間がかかるため，その影響は長期にわたるものである．たとえば2005年度末における不法投棄等の残存量は1567万トンであるが，これは同年度の投棄量の約90倍にあたる水準である．

不適正な処理は，適正な処理の経路からはずれてしまったものとして捉えることができる．先に述べたように，多くの場合，廃棄物を排出する主体と処理する主体は異なっている．そのため不要となったものを別の主体に引き渡した

第9-3図　産業廃棄物の不法投棄量および件数

年度	投棄量（万トン）	投棄件数（件）
1994	38.2	353
1995	44.4	679
1996	21.9	719
1997	40.8	855
1998	42.4	1,197
1999	43.3	1,049
2000	40.3	1,027
2001	24.2	1,150
2002	31.8	934
2003	74.5	894
2004	41.1	673
2005	17.2	558

（出所）環境省（2006），5ページより．

あと，それが実際にどのように処理されているか，について不透明な状況が生じうる。これは情報の非対称性の問題として捉えることができる[4]。

また不適正処理によって生じる環境への悪影響は，経済学のなかで外部性の問題として捉えることもできる[5]。外部性が生じていると，社会にとって望ましい状態を実現することが困難になってしまう。そのため，外部性の水準を管理していくことが重要な課題となる。言い換えれば，不法投棄・不適正処理をどのように抑制していくか，あるいは，いかにして適正な処理を進めていくか，ということを考えていかなければならない。この点については次節で考えていくことにしよう。

3．最終処分場

第 9-4 図は最終処分場の残余容量の推移を描いたものである。一般廃棄物の最終処分場の残余容量は，この 10 年は 1.4 億立方メートルから 1.8 億立方メートルの範囲で推移している。近年はやや減少傾向にあり，2003 年時点で 1.4 億立方メートルである。この数字は，現在のペースで埋め立て続けると，あと 14 年で処分場がいっぱいになってしまう水準である。

一方，産業廃棄物についてみると，2003 年時点での残余容量は 1.8 億立方メートルとなっている。ここ数年はこの水準で推移している。2003 年度の残余年数は 6 年であり，一般廃棄物に比べて，処分場の容量確保の問題が深刻なものとなっている。

埋め立てをおこなうには，処分のための土地が必要となる。処分場は無限にあるわけではないから，埋め立てし続けることによって，その容量は減少していくことになる[6]。もちろん，新しい処分場を建設していくことによって，こうした状況を改善することはできる。しかし最終処分場の新設はそれほど容易なことではない。

その理由は，処分場を建設するにあたって周辺住民を説得することが困難になってきているということ，またそれに伴って，処分場の建設計画が長期化してしまうこと，などが挙げられる。こうした状況にあるため，最終処分場の容量を維持し続けることは非常にむずかしい。

最終処分場をできるだけ長く使用し続けるためには，最終処分量を減らして

第9-4図　最終処分場残余容量の推移

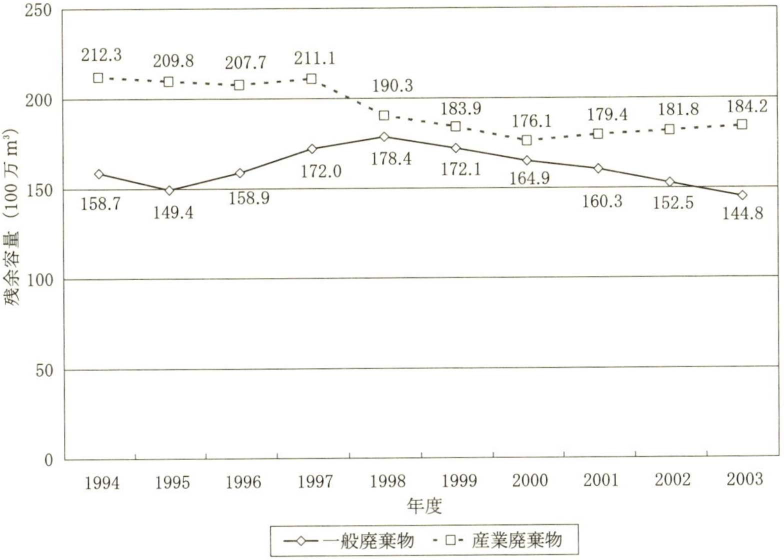

一般廃棄物: 1994: 158.7, 1995: 149.4, 1996: 158.9, 1997: 172.0, 1998: 178.4, 1999: 172.1, 2000: 164.9, 2001: 160.3, 2002: 152.5, 2003: 144.8

産業廃棄物: 1994: 212.3, 1995: 209.8, 1996: 207.7, 1997: 211.1, 1998: 190.3, 1999: 183.9, 2000: 176.1, 2001: 179.4, 2002: 181.8, 2003: 184.2

（単位：100万 m³）

（出所）　環境省（2007a, b）をもとに作成。

いく必要がある。先に述べたように，排出されたものは最終的には埋め立て処分されるか，再生利用される。したがって，再生利用される割合を高めることによって，最終処分量を減らしていくことができる。

また廃棄物として排出される量そのものを減らしていくことも重要である。具体的には，廃棄物を発生させないようにしたり，使用済のものを繰り返し使用したりすることである。こうした廃棄物の発生抑制（リデュース，reduce），再使用（リユース，reuse），そして再生利用（リサイクル，recycle）を進めていくことが，最終処分場を長く利用していくために必要な対策となる。この点についても次節でふたたび取り上げる。

第2節　適正処理と発生抑制

1. 適正処理の推進

　前節でみたように，廃棄物処理の重要な課題の1つは，不法投棄などの不適正な処理を抑え，適正な処理をいかにおこなっていくか，というものである。本節では，まず不適正処理をどのように抑制し，適正処理を推進するか，ということについて整理する。またそのことに関連して，廃棄物の発生抑制の重要性について考えていく。そして適正処理のための費用の支払いについて最後に取り上げる。

　不適正処理がおこなわれてしまう背景にあるのは，先に述べた情報の非対称性の問題と，処理にかかる費用を安く抑えようとする誘因が働くことである。環境への影響を少なくするためには，適正な処理をおこなう必要があるが，それは容易なことではない。そのため処理費用は多大なものとなる。どのような処理をおこなうかが不透明な状況にあるとき，処理主体は必ずしも引き取った廃棄物に費用をかけて適正処理するとは限らない。むしろ費用のかからない方法を選んでしまう可能性があるのである。

　このように考えると，不法投棄・不適正処理の抑制のためには，情報の非対称性の問題を解消することが重要になってくる。つまり，引き渡したものがどのように処理されているか，という情報を明らかにすることである。そのために考えられたのがマニフェスト制度である。これは廃棄物がどのように運搬され，処理されたのかという情報を排出者に知らせるもので，廃棄物の流れとは逆方向にその情報を記載した管理票（マニフェスト）が送付される。

　また不法投棄・不適正処理をおこなうことが，費用の安い方法とならないような仕組みをつくることも重要である。この考え方は，外部不経済抑制のために課税をおこなうことと同じものとして捉えることができる。もし不法投棄をすること自体に費用がかからなかったとしても，それが発覚した場合の罰則が大きければ，処理主体にとって不法投棄をおこなう誘因は小さくなる。

　こうした不法投棄防止のための対策が，廃棄物処理法の改正によって進めら

れてきた。具体的には不法投棄の罰則の強化，マニフェストの強化，排出者責任の強化などである。

不適正な処理がおこなわれてしまうのは，上に述べたように，適正な処理をおこなうのに費用がかかり，それを避けようとするためである。そのため適正な処理やリサイクルをするのにかかる費用を確保することも重要である。そのためには処理費用をどのように徴収するかということや，廃棄物処理・リサイクルの責任をどのように考えるか，という点が大きく関与してくる。これらについては，あとで取り上げることにしよう。

2．発生抑制の重要性

前節で述べたように，最終処分場の容量は有限であるため，長く使用し続けるためには最終処分量をできる限り少なくしていく必要がある。そしてそのために廃棄物の発生抑制，再使用，再生利用の3Rを推進していくことが重要であると述べた。ここでは，そのうちの発生抑制に焦点をあてていくことにしよう。

発生抑制は，製品をつくる段階で原材料を効率的に利用することや，製品を長く利用していくことなどによって，廃棄物になることを抑えることである。たとえば飲料容器の軽量化，製品に使用する部品の軽量化，梱包資材の小型化などが挙げられる。こうした生産者による取り組みのほか，製品を修理して長期間使用することや，過剰な包装を拒否するなどの消費者の取り組みも必要である。

2000年に制定された「循環型社会形成推進基本法」（循環基本法）では，原材料や製品が「廃棄物等になることができるだけ抑制されなければならない」（第5条）とし，その上で循環的な利用および処分に関する原則を規定している（第7条）。それにもとづけば，(1)発生抑制，(2)再使用，(3)再生利用，(4)熱回収，(5)適正処分，という優先順位が付けられている。つまり3Rのなかでは，発生抑制がもっとも重要なものと位置付けられているのである。

第9-2図から明らかなように，排出されたものは，焼却などの中間処理をおこなうものの，最終的には埋め立て処分されるか，再生利用される。再生利用の割合を高めていくことによって最終処分量を減らすことはできるが，ゼロ

にすることはできない。また中間処理によって廃棄物の減量・減容化を進めていっても，処理残渣の一部は最終処分せざるを得ない。したがって最終処分場の有限性を考慮するならば，廃棄物の発生・排出抑制を推進していく必要がある。

発生抑制は，不適正処理・不法投棄の抑制という点でも大きな意味をもっている。発生抑制をおこなわずに適正処理を進めていっても，環境への影響を抑えていくことは限界がある。なぜならば，もし廃棄物の排出量が増えてしまえば，いずれ不適正処理あるいは不法投棄されてしまう可能性のある不要物の量も増えてしまうからである。そうしたことを踏まえると，廃棄物になることを抑えることは，不適正処理・不法投棄の潜在的可能性を低めるという点で意義のあることになる。

このことを外部性の観点から，もう少し整理してみることにしよう。一般に，廃棄物そのものが環境に悪い影響を与えているというわけではない。廃棄物のなかには有害なものが含まれる場合もあるが，適正な処理をおこなうことによって，影響を小さくすることができる。つまり廃棄物そのものが外部不経済を生じさせているのではない。それよりも，不適正処理のように，排出したあとの扱われ方によって問題が生じている。

排出したあとの段階で外部不経済を生じる可能性があるため，その前の段階（発生段階）でそのことを考慮しておかなければならない。つまり発生・排出・処理という流れ全体を考慮し，廃棄物の発生を適切な水準まで抑える必要があるのである[7]。

このように廃棄物の発生抑制は，最終処分場の有限性の観点からも，不適正処理の観点からも重要なものである。先に発生抑制の具体的なものをいくつか紹介したが，そのなかで環境へ配慮した製品の設計をおこなう環境配慮設計（design for environment : DfE）への取り組みが進んできている。こうした取り組みは，拡大生産者責任（extended producer responsibility : EPR）の目的の1つでもある。

拡大生産者責任とは，生産者が，その生産した製品が使用されて捨てられたあとにおいても，物理的または財政的責任を負うという考え方である。この考え方は，近年の個別のリサイクル法にも反映されている。拡大生産者責任の具

体的な手法として，使用済製品の回収や，前払い処理料金，再生利用に関する基準などが挙げられる。

拡大生産者責任によって，生産者は製品が捨てられて，処理・リサイクルされるところまで考慮して取り組むことになる。たとえば使用済製品の回収をおこなうことは，生産者に，製品の処理・リサイクルの負担感を与えることになるため，発生抑制を進めようとするだろう。また環境配慮設計も促されることになる。

このように発生抑制を進める上で，生産者の役割は非常に大きい。また適正な処理・リサイクルに関しても，拡大生産者責任による効果が期待されている。一方で，そうした適正処理のための費用を誰が負担するのかという議論がある。この点について，本節の最後に取り上げていくことにしよう。

3．処理費用の支払い

排出されたものを適正に処理・リサイクルするためには，その費用を誰かが支払わなければならない。この方法はいくつかあるが，代表的なものとして，排出者が廃棄物を排出する際に支払う方法と，処理料金を製品価格に上乗せして，その製品が使用済となったときに処理費用として用いるものがある。前者を「後払い方式」，後者を「前払い方式」と呼ぶこともある。

経済理論の観点からいえば，後払い方式も前払い方式も費用の転嫁のされ方は同じであり，適切な処理費用を支払わせることによって，最適な状態を実現することができる[8]。しかし現実の問題としては，それぞれについて長所・短所が指摘されている。ここでは適正な処理と発生抑制という観点から，支払い方式について考えていくことにしよう。

環境省によれば，生活系ごみ（粗大ごみを除く）の収集手数料について，2005年度時点で有料化を実施している自治体数は1031となっている。これは全市区町村の56％にあたる[9]。ごみ有料化，つまり排出時に処理費用を徴収することは，排出量の減少を期待したものである。

排出量を減少させるためには，廃棄物の発生そのものを抑えることが大きな意味をもつ。そのためには，不要になりやすい製品の使用を控えることや，製品をできるだけ長く使用することなど，排出の前の段階である消費行動を変化

させていくことが重要である。しかし，たんに有料化をおこなうだけでは，消費者に対して，そうした行動の変化を起こさせるような刺激が十分でないのではないかと考えられる。

　もちろんごみ有料化によって排出量の大幅な削減を実現したところもある。そうした地域は，有料化をおこなうだけでなく，それと併用してさまざまな対策をとっている。そうした総合的な対策によって消費行動に変化が生じ，効果をあげていると捉えることもできる[10]。この点については，実証的な観点から厳密に考察していく必要があり，今後の研究が重要である。

　一般に，排出時点での処理費用の支払いは，不法投棄を引き起こす可能性がある。支払う費用の水準が高ければ，その可能性も高くなるだろう。排出行動を適切におこなわせることが容易でないならば，排出時に処理費用を支払わせるよりも，製品の購入時に処理費用を上乗せした価格を支払わせた方が良いかもしれない。

　もちろん処理費用を上乗せする方法にも問題がないわけではない。製品の購入から使用済となるまでに長期間を要する場合には，適切な処理費用の水準が変化する可能性がある。また徴収した処理費用をどのように管理していくかという問題や，対象となる製品の市場の状況変化が大きな影響を与えるかもしれない。

　また発生抑制という点に関していえば，費用の支払い方式が消費行動にどのような刺激を与えるかは，財の性質によって状況が異なってくると考えられる。たとえば生活系ごみの場合は，購入から使用，不要となるまでの時間が比較的短いものが多い。これに対して耐久財の場合はその時間が長くなる。こうした違いによって，同じ支払い方式でも，消費行動に与える刺激の大きさは異なってくるだろう。この点についても改めて厳密に考察をおこなっていく必要がある。

第3節　国際資源循環

1．有害廃棄物の越境移動と中古品・再生資源の輸出

　本章のはじめでも述べたように、近年では、再生資源や中古品といった循環資源の貿易が拡大している。循環資源の貿易は多くのメリットをもたらしてくれるが、一方で、輸出先において環境汚染が引き起こされてしまう可能性がある。本節では、この問題について、これまでの議論をもとに考えていくことにする[11]。

　近年の再生資源の貿易が拡大した背景には、(1) リサイクル法の整備が進み、先進国で再生資源の回収量が増加したこと、(2) アジア地域への生産拠点の移動によって、先進国内での再生資源需要が小さくなったこと、(3) アジア地域で経済成長に伴う資源需要が拡大し、国内で発生する分だけでは不足していること、などが挙げられている[12]。資源の有効利用という観点からいえば、こうした循環資源の貿易はメリットのあるものである。

　しかし輸出されたものに有害物質が含まれていると、それが国外での環境汚染を引き起こしてしまうかもしれない。またリサイクル不可能なものが国外に出ることも、問題を引き起こすことにつながる。そうした状況を防止するために、「有害廃棄物の国境を越える移動及びその処分の規制に関するバーゼル条約」(Basel Convention on the Control of Transboundary Movements of Hazardous Wastes and Their Disposal：バーゼル条約) が結ばれている。

　この条約のもとで、有害廃棄物を輸出する際には、輸入国政府に事前に通知をおこない、承認を得ることが必要となっている。また条約の発効後、規制の強化が図られ、リサイクル目的であっても先進国から発展途上国への越境移動を禁止する改正案が採択された。ただし、この改正案についてはまだ発効に至っていない。

　バーゼル条約とは別に、各国での輸出入規制もおこなわれている。たとえば輸出国で船積みをする前に検査を義務付けることや、輸出業者の登録制度を設けることなどが挙げられる。また中古品に関しては、製造年による輸入規制が

おこなわれているところもある。これは短い期間で不要となってしまう製品の輸入を避けるためである。

このようにして、リサイクルが不可能な廃棄物や有害物質を含むものについて、越境移動を防止するための仕組みが構築されてきている。しかしながら、実際には、条約の規制対象外という名目で不正な越境移動がおこっているケースもある。また規制の対象となっていないものであっても、輸出先でリサイクルする際に環境汚染を引き起こしてしまうこともある。中古品が輸出される場合も、使用済となったときに適正な処理・リサイクルが困難であれば、そこで問題が生じてしまう。

このように循環資源の貿易の拡大に伴い、それらが輸出先で新たな環境汚染を引き起こしてしまう場合がでてきている。これは外部不経済の問題として捉えることができ、これをどのように抑えていくかということを考えていかなければならない。この点について、前節の適正処理・発生抑制の観点から考えてみることにしよう。

2. 日本の取り組みと課題

日本では、バーゼル条約に対応して、「特定有害廃棄物等の輸出入等の規制に関する法律」(バーゼル法) を制定している。また廃棄物処理法を改正して、国内で発生した廃棄物はなるべく国内で適正に処理されなければならないと規定している (第2条の2)。また輸出をおこなう際の確認基準をもうけている (第9条の6)。

一方、日本の個別リサイクル法のなかで、循環資源の輸出に関する明確な規定はほとんどない。このうち「使用済自動車の再資源化等に関する法律」(自動車リサイクル法) に関しては、循環資源の輸出についての記述がある。自動車リサイクル法は、自動車製造事業者等に対して、フロン類、エアバッグ、シュレッダーダストの引き取り、適正な処理・リサイクルを義務付けたものである。

自動車リサイクル法のもとでは、購入する際または車検登録の際にリサイクル料金を徴収される。これは適正な処理・リサイクルをおこなうための費用にあてられる。しかし中古車の輸出がおこなわれる場合は、リサイクル料金が払

い戻される。この払い戻しは中古車を輸出する誘因を与えるのではという指摘もあり[13]，輸出先で使用済となった際に適正な処理・リサイクルが困難であるならば，問題が生じてしまう可能性もある。

　輸出先での環境汚染を抑えるためには，適正な処理・リサイクルの経路を確立することが重要であり，そのための制度や処理施設を整備していく必要がある。ただそうした対策を輸出相手国だけで進めていくことは容易ではないかもしれない。その理由の1つとして，適正処理のための技術が不足していることが考えられる。

　こうした状況のなか，現地の外国企業が自発的に使用済製品を回収して，処理・リサイクルをおこなっている例もある。前節では拡大生産者責任の概念について取り上げた。生産者は製品に関する情報を多くもっているため，使用済製品の適正な処理・リサイクルをおこなっていく上で大きな役割を果たすことができる。このことは国内のことだけではなく，国際的な枠組みにおいてもあてはまる。現地の制度や処理施設が整備されていくことも重要であるが，生産者によるこうした取り組みが増えていくことは，処理技術不足の状況において大きな貢献となるだろう。

　前節では，2つの観点から，発生抑制の重要性を指摘した。1つは最終処分場の有限性であり，もう1つは不適正処理抑制である。このうち後者の観点は，本節で取り上げている国際資源循環に伴う環境汚染の問題にもあてはまるものである。つまり，再生資源や中古品が輸出先で新たな環境汚染を引き起こしてしまう可能性を考慮したうえで，発生抑制をおこなっていくことが重要である。

　循環資源の貿易は，国内で不要となったものを国外で再使用・再生利用することに関するものである。再使用や再生利用は資源の有効利用につながるという側面をもっているが，処理・リサイクルに伴う環境汚染の可能性を考慮するならば，発生抑制を進めていくことがより重要になってくる。前節で指摘したように，発生抑制を伴わずに適正処理だけを進めていくことはむずかしい。発生・排出・処理という流れを国際的側面も含めて考え，発生抑制について再検討する必要があるだろう。

第4節 おわりに

本章では，廃棄物処理の経済学的な側面について考察をおこなってきた。現在抱えている課題として，不法投棄・不適正処理および最終処分場の問題を取り上げたが，これらを発生・排出・処理という流れのなかで，どのように解決していくかを考えていかなければならない。本章では適正な処理をおこなうことと，廃棄物の発生抑制について取り上げてきた。

廃棄物の問題は，廃棄物そのものが環境に影響をもたらすというよりも，不要となったあとの段階で起こる問題であると捉えることができる。国内での不法投棄や最終処分場の問題は処理に関連するものである。また本章で取り上げた循環資源の貿易に伴う環境汚染の問題は，国内で不要となったものの再使用・再生利用に関連している。

廃棄物に関連する環境への影響を抑えるためには，排出されたものをいかにして適正な処理・リサイクルの経路に乗せていくかということが大きなカギとなる。またそうした経路を踏まえたうえで，生産や消費についても考え，不要なものの発生を抑えていく必要がある。これは国内の問題だけでなく，国外の問題にもあてはまる。国際的な側面も考慮した発生抑制・適正処理の仕組みを整えていくことが重要である。

注
1) 家庭から出たごみ（生活系ごみ）の他に，事業系のごみの一部も一般廃棄物に含まれる。2005年度に排出されたごみのうち，生活系のごみが64％を占めている（環境省（2007a）2ページ）。
2) 環境省（2007a）3ページより。これは中間処理量の84％にあたる。
3) 2003年度の不法投棄量74.5万トンのうち，56.7万トン分は岐阜市で当該年度に発覚したもので，不適正処分自体は2003年度以前からおこなわれていたものである。また2004年度の41.1万トンのうち20.4万トンは，沼津市において発覚した大規模事案で，同じようにそれ以前からおこなわれていたものである。それらを除いた数値は，2003年度で17.8万トン，2004年度で20.7万トンであり，いずれも2000年度に比べて少ないものとなっている。
4) 情報の非対称性がある場合，逆選択の状況が起こりうる。具体的には，引き渡したあとの処理に情報の非対称性がある場合，市場において，適正な処理をおこなう優良な業者よりも，不適正な処理をおこなう業者が選ばれてしまう可能性がある。
5) 外部性とは，ある主体の経済活動が，市場取引を経由せずに，他の主体の経済活動に影響をもたらすことである。このうち悪い影響（マイナスの効果）をもたらす場合を「外部不経済」と呼

ぶ。環境汚染は経済学のなかで外部不経済の問題として捉えることができる。
6） 最終処分場のこうした特徴に対して，細田（1999a）は，これを枯渇性資源の1つとしてみなして考察をおこなっている（細田（1999a）57-65 ページ）。枯渇性資源とは，石油や石炭，鉱物資源などのように，資源量が有限で，使い続けるとやがてなくなってしまうもののことである。
7） 経済理論の観点からいえば，最適な水準は，財の消費による便益と，財の生産にかかる費用および不要となったあとの回収・適正な処理にかかる費用の大きさの関係によって決まってくる。
8） この点は細田（1999b）など，いくつかの文献でも指摘されている。
9） 環境省（2007a）16 ページより。この数字には収集区分の一部で有料化を実施している自治体も含まれる。
10） この点に関して，たとえば東京都市町村自治調査会（2007）では，東京都の多摩地域の事例について詳しく紹介している。
11） アジア地域における循環資源貿易の動向や各国の取り組みなどについては，小島編（2005）に詳しく整理されている。本節における国際資源循環についての状況や各国の取り組みに関する記述は，おもに同文献を参考にしている。
12） 小島編（2005）6 ページより。
13） 寺西・外川編（2004）250 ページより。

参考文献

環境省（2006），「産業廃棄物の不法投棄等の状況（平成17年度）について」環境省 報道発表資料 2006年11月28日。
　　http://www.env.go.jp/press/press.php?serial=7743（アクセス日 2007年12月20日）
環境省（2007a），「一般廃棄物の排出及び処理状況等（平成17年度実績）について」環境省 報道発表資料 2007年4月16日。
　　http://www.env.go.jp/press/press.php?serial=8277（アクセス日 2007年12月20日）
環境省編（2007b），『平成19年版 環境・循環型社会白書』ぎょうせい。
小島道一編（2005），『アジアにおける循環資源貿易』アジア経済研究所。
斉藤崇（2007），「廃棄物における外部性と政策に関する一考察」『三田学会雑誌』第100巻 第3号，慶應義塾経済学会。
財団法人 東京市町村自治調査会（2007），『多摩地域ごみ白書』東京市町村自治調査会。(http://www.tama-100.or.jp/outline.html よりダウンロード可能)
竹内啓介監修 寺西俊一・外川健一編著（2004），『自動車リサイクル』東洋経済新報社。
中央環境審議会 廃棄物・リサイクル部会 国際循環型社会形成と環境保全に関する専門委員会（2006），「国際的な循環型社会の形成に向けた我が国の今後の取組について 中間報告」。
　　http://www.env.go.jp/recycle/3r/approach.html（アクセス日 2007年12月20日）
細田衛士（1999a），『グッズとバッズの経済学』東洋経済新報社。
細田衛士（1999b），「廃棄物処理費用の支払いルールと廃棄物処理政策」『三田学会雑誌』第92巻 第2号，慶應義塾経済学会。
細田衛士・室田武編（2003），『循環型社会の制度と政策』岩波書店。

（斉藤　崇）

第 10 章

再生資源の世界貿易

　東アジアには近年躍進著しい中国を先頭に ASEAN, NIES など世界的にみて最も成長力を有する諸国が集中している。順調な経済発展を反映して，1 人当たり所得も確実に上昇している。経済成長には技術や資源を必要とする。しかし資源を自国はもとより東アジア域内でもまかないきれず，特に中国と世界第 2 位の経済大国日本は世界中から調達している。それでも急増する資源需要を満たすことができず，再生資源を輸入している。再生資源貿易の拡大は 2 つの重要な意味を有する。第 1 は廃棄物を再資源化して活用することは枯渇化しつつある天然資源の保護につながる。第 2 は環境保護である（ただし二酸化炭素（CO_2）については論じない[1]。

　廃棄物の再資源化と環境保護を同時に達成する有力な手段のひとつが 3R である。まず日常生活から廃棄物を出さないように極力心掛けるように努めるようにする。これを Reduce という。つまり，「廃棄物の発生抑制」である。第 2 は，Reuse つまり「再使用」である。これには 3 つある。① 製品リユース。② 製品を提供するための容器を繰り返し使用する（returnable）。③ 部品リユース。第 3 は Recycle つまり「再資源化」である。これにも 3 つある。① Material Recycle。これはいったん使用された製品や製品の生産に伴い発生した副産物を回収し，原材料として使用すること。②「サーマルリサイクル」。これは燃却熱を回収してエネルギーとして利用することである。③「ケミカルリサイクル」。これは回収されたものを科学的に変換し利用すること。（経済調査会『循環型社会キーワード』平成 14 年）。

　2004 年 6 月第 30 回主要国首脳会議が開催された（シーアイランドサミット）。同会議で「持続可能な開発のための科学技術（3R 行動計画）」が採択された。この中で小泉純一郎首相は森林保護や新エネルギー等環境問題の重要性

第10章　再生資源の世界貿易　145

を訴えつつ，3つのRにより循環型社会の構築を提案し，各国の支持を得た（『科学技術白書』2005年版）。2008年夏に北海道の洞爺湖でG8サミットが開催される。主要なテーマのひとつに「国際的な循環型社会」がとりあげられることになっている。地球環境を配慮した循環社会とは，素材の開発を出発点（入口）とし出口としての最終製品までの生産構造の再編である。この循環構造の入口と出口との間にあるもうひとつ再生資源の活用がある。

　本章は再生資源（廃プラスチック，古紙，鉄鋼・銅・ニッケル・アルミ・鉛の各スクラップ）の貿易を世界の貿易財と位置づけ，その財の流れを解明することに重点をおいた。

　世界の主要再生資源貿易の特徴は次のとおりである。① 鉄鋼が最大規模である（世界貿易全体に占める割合は0.2％である。2005年）。② 鉛とニッケル以外の最大の輸入国は全て東アジアである（鉛とニッケルの最大の輸入国はともに欧州）。③ 一国ベースで世界最大の輸入国は鉛とニッケルを除きいずれも中国である。④ 輸出上位2地域・国は欧州と米国で，廃プラスチックの42.4％を除き全て世界輸出の3分の2以上を占める。⑤ 一国ベースで日本はほぼ第3位の輸出国である。⑥ 再生資源最大の輸出国である欧州の輸出先は域内であり，世界全体でみた主要再生資源貿易の主要舞台は太平洋で，その基本的循環構造は太平洋を挟み中国が輸入しそれに米国が輸出し，それに日本が補完するという構図である。

第1節　廃棄物の回収と再資源化率

　世界のごみ排出量は2000年の約127億トンから2050年には約270億トンと2倍以上に増加するとみられている。最近の廃棄物の動きを東アジア諸国についてみると以下のとおりである。

　(1)　中国の産業廃棄物は1996年の6.6億トンから2002年には9.5億トンに増えた。同時に産業廃棄物の資源総合利用率は1966年の43.0％から1999年に50％を超え，2002年には52.0％に高まった。さらにリサイクル資源の輸入も急増している。例えば廃プラスチックの輸入は，数量ベースで1999年の37.4

万トンから 2003 年には 302.4 万トンに，金額ベースで 1995 年の 114.5 百万ドルから 2004 年には 1378.1 百万ドルに，それぞれ増加した。古紙では 1999 年の 221 百万ドルから 2004 年には 1161 百万ドル（これらについては後で詳しく分析している）。

(2) 2004 年香港の廃棄物輸入量は 360 万トンで，輸出量は 490 万トンであった。廃棄物貿易で最大の比率を占めるのが廃プラスチックで，輸入で 80.9％，輸出で 50.9％である。次に比率が高いのは鉄くずで輸入 6.0％，輸出 22.0％である。さらに非鉄金属（輸出入それぞれ 8.0％，4.0％），古紙（同 15.0％，3.0％）が続く。香港は特に廃プラスチックの対中輸出入の重要な中継基地となっている（これについても後で詳しく分析している）。

(3) フィリピンにおけるゴミ収集率は，都市部 70％，地方 40％，首都マニラ 83％である。残りは不法投棄で河川などに投機されているとみられる。

(4) ベトナムにおける都市部の人口は全人口の 24％を占めるが，全廃棄物発生量の約 50％を占める（以上は METI の HP より）。

(5) 日本のごみ排出。1993 年以降日本のごみ総排出量の推移は第 10－1 表でみるとおりである。同表から次の特徴を指摘できる。① 一般ごみの年間排出量は約 5000 万トンオーダーで推移している。② 産業による総排出量は約 4

第 10－1 表　日本のごみ総排出量（一般，産業）と 1 人 1 日当りごみ排出量

（単位：万トン，g／人日）

	一般	産業	倍率	1人当り排出量
1993	5,030	39,700	7.9	1,103
1994	5,054	40,500	8.0	1,106
1995	5,069	39,400	7.8	1,105
1996	5,116	42,600	8.3	1,114
1997	5,120	41,500	8.1	1,112
1998	5,160	40,800	7.9	1,118
1999	5,145	40,000	7.8	1,111
2000	5,236	40,600	7.8	1,132
2001	5,210	40,000	7.7	1,124
2002	5,161	39,300	7.6	1,111
2003	5,161	41,200	8.2	1,106
2004	5,059	41,700	8.2	1,086

（資料）　環境省編『環境白書』平成 19 年版。

億トンのオーダーで推移している。③産業と一般ごみの比率は7.8倍とほとんど変わっていない。④日本の産業廃棄物量のうち資源化率（再生利用率）は46.3%である（平成14年度）。以上のことは緩慢ながら1人当り所得水準の上昇や日本のGDP規模が大きくなっている中で，一般と産業の廃棄物が絶対量でほぼ一定であることは1人当りGDPに対しては相対的に低下していることを意味する。1日1人当りごみ排出量が低下していないが，これはまだ改善の余地が有ることを意味する。

　廃棄物の回収の狙いは次のとおりである。第1は快適な生活の確保である。第2は環境保護である。第3は資源の再活用である。家電製品には多くの希少金属が使用されている。

　PCには鉄，銅，アルミ，プラスチックはもちろんのこと金，銀，コバルト，パラジウムの希少金属まで含まれている。デスクトップ型PC1台に含まれる希少金属の回収率および回収量は第10-2表のとおりである。回収率が80%以上の希少金属は金の99%を最高に銀の98%が続き，以下パラジウム，プラチナ，コバルトなどである。60%以上70%以下の品目は錫，セレン，インジウム，亜鉛がある。電子基盤での貴金属の回収は極めて効率的である。鉱

第10-2表　デスクトップPCに含まれる希少金属の回収率と回収量

品目	重量(%)	回収率(%)	含有量(lbs)
金	0.0016	99	＜0.1
銀	0.0189	98	＜0.1
パラジウム	0.0003	95	＜0.1
プラチナ	＜0	95	＜0.1
コバルト	0.0157	85	＜0.1
銅	6.9287	90	4.2
アルミニウム	14.1723	80	8.5
ニッケル	0.8503	80	0.51
ルテニウム	0.0016	80	＜0.1
鉄	20.4712	80	12.3
錫	1.0078	70	0.6
セレン	0.0016	70	0.00096
インジウム	0.0016	60	＜0.1
亜鉛	2.2046	60	1.32

（出所）　The Basel Action Network (BAN), Silicon Valley Toxics Coalition (SVTC), Exporting Harm, Annex1 Feb., 25, 2002.

石よりリサイクル原料の方が鉱物資源の含有率が数倍高いという。鉱石1トンから摂取できる金は40g ほどであるが、1トン分の電子基盤から約300g 取り出せる[2]。

希少金属であるプラチナ、パラジウムなどはまた廃マフラーからも回収されている。これら希少金属需要のうち6割が米国やカナダから輸入されているが、残りは廃マフラーから回収されたものである。この分野で最大企業の同和鉱業のプラチナ回収額は年間149億円にも達するという。同社は液晶画面を発光させる電極用に需要が増えているインジウムのリサイクルでも世界一のシェアを誇るという[3]。PC を個別メーカーについてみよう。平成16年度のアップルの自主回収・資源化率は次のとおり。家庭系の資源化率はデスクトップ67％（平成15年度55.8％）、ノート型49％（39.8％）、CRT ディスプレイ79％（74.0％）、液晶ディスプレイ57％（53.2％）である。資源化率は向上している。事業系の資源化率も上昇しておりかつ家庭系に比べ高い。平成15年度でデスクトップ84.6％、ノート型44.9％、CRT ディスプレイ75.7％、液晶ディスプレイ76.9％である（アップルのHP）。

2005年3月末現在日本の携帯電話契約数は9150万件で、人口に対する普及率は71.6％である。新機能の携帯電話の販売台数は4000〜5000台であるという。しかし回収率は2002年度の29％（1137万台）、2003年度24％（1172万台）、2004年度21％（853万台）と低下の一途を辿っている（KDDI のHP）。

TV の回収・資源化率も第10-3表でみるように向上している。TV 1台に鉄、銅、アルミニウムなどの再生資源が多く含まれており、2002年度の再資源化率は75％と前年度の73％より高まっている。

しかしTV を含め冷蔵・冷凍庫、エアコン、洗濯機の4品目の廃家電のリサイクル率は高くない。日本は2001年に家電リサイクル法を施行した。それは消費者が廃棄する際、約2500〜4800円を支払い、小売業者経由でメーカーに引渡してガラスや鉄などを選別し、資源として再利用を義務付けたものである。しかし2005年に家庭や事業所から出たリサイクル対象4品目2287万台のうちメーカーに引渡されたのは1162万台と約半分にすぎない。小売業者および中古業者にそれぞれ1720万台、454万台引渡されたが資源として回収されたのは421万台である。中古家電市場に流れたのが697万台であり、このうち

第 10-3 表　テレビのリサイクル状況

	2001 年度		2002 年度		1 台当り含有量 (t)	
					2001 年	2002 年
指定取引場所での取引台数（千台）	3,083		3,520			
再商品化処理台数（千台）	2,981		3,515			
再商品化等処理重量 (t)	79,978		95,134		0.0268	0.0271
再商品化重量 (t)	58,814	100%	72,110	100%	0.0197	0.0205
鉄 (t)	6,257	11%	7,235	10%	0.0021	0.0021
銅 (t)	2,714	5%	3,369	5%	0.0009	0.0009
アルミニウム (t)	155	0%	188	0%	0.00005	0.00005
非鉄・鉄など混合物 (t)	242	0%	483	1%	0.00008	0.00014
ブラウン管ガラス (t)	45,153	77%	55,075	76%	0.0150	0.0150
その他有価物 (t)	4,291	7%	5,756	8%		
再商品化率 (%)		73%		75%		

（出所）　髙木保興編『国際協力学』東京大学出版会，2004 年，131 ページ（原データは（財）家電製品協会資料「家電 4 品目のリサイクル実施状況」平成 13 年度および 14 年度）。

海外への流出分は全く不明であるという。社団法人・電子情報技術産業協会は 2006 年に古い PC308 万台が輸出されたと推定している[4]。しかし大半は中国向けに輸出されているとみられている。そのため日中両国政府は日本から中国に輸出されている PC やエアコンといった電子・電気機器ごみなどの廃棄物による環境汚染の防止策を検討するために，ワーキンググループの創設に基本合意した。一方，国内では，NEC は顧客企業が廃棄する同社製のコンピュータや通信機器などの情報通信機器の回収・再資源化はもとより不法投棄などを防ぐため，GPS で追跡管理システムを開発し，2007 年 5 月から運用する。NEC は今後，廃棄物回収・再資源化を実施している電機・精密，IT 機器メーカーなどにも販売していく[5]。

以上のように回収された製品・廃電機には日本に乏しい希少金属をはじめ再生可能な資源が多く含まれていることがわかった。例えば携帯電話 1 台に含まれる金属は銅 3－4 g，銀 0.1 g，金 0.01 g であるという。そこで 2008 年 1 月物質・材料研究機構が製品・廃棄物に含まれる 20 種類の金属についての国内の存在量を試算した。それによると，インジウムは 1700 トン，銀が 6 万トン，金が 6800 トン，鉛が 560 万トンである。これらの 4 種類の推定量はいずれも

世界最大で，世界の天然鉱山の現有埋蔵量に占める割合はインジウムで61％，銀22％，金16％，鉛10％であるという。その他の金属では，鉄が12億トン，（2％），アルミニウム6000万トン（0.2％），銅3800万トン（8％）である。これら金属はかつて日本が海外から輸入さらに国内で加工して，日本の製品に内蔵したものである。その金属が廃家電に依然未利用の状態にあり，これをurban miningといい，実は日本は「金属資源大国」であるということである。

1. 日本の再生資源の輸出

日本は再生資源を輸出している。「プラスチックくず」をはじめ「古紙」などの輸出（数量ベース）をみたのが第10-4表である。いずれも急増している。1993年から2003年にかけての伸び率をみると，「プラスチックくず」の484％を最高に，「銅のくず」407％，「古紙」351％といずれも高いものである。その輸出先は東アジア向けが「繊維のくず」の71.6％を最低に他はそれを上回る高いものである。国別では全てにおいて中国向けが最大であり，日本の総輸出に占める同国向けシェアは「銅のくず」の44.4％や「プラスチックくず」の47.7％を最低にその他はいずれも50％以上で，最大は「銅のくず」の96.4％で

第10-4表　日本からの再生可能資源の主な品目の輸出

(単位：トン，％)

品目	HS番号	輸出総量			主な輸出先			
		1993	1998	2003	第1位	第2位	第3位	合計
プラスチックのくず	3915	68,923	140,908	681,680	中国 47.7	香港 44.2	台湾 5.5	97.4
古紙	4707	46,380	561,149	1,970,607	中国 51.5	タイ 23.6	台湾 14.8	89.9
繊維のくず	5505	5,604	9,671	30,324	中国 55.4	台湾 10.9	タイ 5.3	71.6
鉄鋼のくず	7204	1,177,570	3,821,388	5,719,735	中国 44.4	韓国 33.4	台湾 15.2	93.0
銅のくず	7404	19,975	75,486	307,055	中国 96.4	香港 2.1	韓国 0.6	99.1
アルミのくず	7602	6,428	26,695	69,238	中国 89.0	韓国 7.0	台湾 0.3	96.3

(出所)『アジ研ワールドトレンド』(No.110, 2004年11月)（原データは日本貿易統計）。

ある。

　日本は再生資源の輸出国に成長しつつある。それを鉄スクラップでみると次のような特徴を指摘できる。① 2002 年の輸出量は 603.5 万トンでこの 10 年で 3.5 倍に増えた。② 1991 年まで輸入国であったが現在は完全に供給基地となった。③（鉄スクラップは鉄鋼メーカーのうち電炉が主原料として使い，高炉も製鋼工程で少量を炉に投入する）日本では建物や自動車，機械などに使われ，将来スクラップとしての利用が見込まれる鋼材の蓄積が 12 億トン（2001 年）と年間の粗鋼生産量の 12 倍である[6]。④ いずれも中国向けが最大である。

　さらに東アジアに進出した日本企業は同域内でリサイクル網の形成をしている。富士ゼロックスは自社製品の複写機やプリンターのリサイクル網をアジア・オセアニア全域で構築を目指す。対象は韓国，インドネシア，マレーシア，フィリピン，シンガポール，香港，豪州，ニュージーランドの 9 地域・国で，処理拠点はタイのバンコックである。年間 2 万 5000 台を予定している。回収された製品は鉄，アルミ，ガラス，樹脂などの素材に分別し，素材や燃料として 99.8％を再資源化する。水銀やカドミウムなど高い処理技術が必要なものは，日本の工場に送り処理する[7]。日本の再生資源のほとんどは中国を中心とする東アジア向けである。また東アジア諸国は世界有数の再生資源の輸入国である（第 10 - 5 表）。しかし東アジア諸国の再生資源総輸入に占める日本の比率は必ずしも高くはない。再生資源の最大の輸入国である中国の品目別対日シェアをみると，銅は 27.3％と大きいが，プラスチックは 10.8％，古紙も 10.8％，鉛は 9.4％といずれも大きくない（いずれも数量ベース，2003 年）。東アジア諸国の主要な輸入先はどこであるのか。

第 10 - 5　アジア主要国の再生資源の輸入量

（単位：1000 トン）

廃物	台湾 1990	台湾 2003	中国 1990	中国 2003	韓国 1990	韓国 2003	タイ 1990	タイ 2003	インドネシア 1990	インドネシア 2003	フィリピン 1990	フィリピン 2003
プラスチック	0	63	24	3,024	15	6	1	1	28	4	23	8
紙	1,807	1,121	423	9,382	1,486	1,326	214	1,098	462	2,014	252	374
鉄	2,563	3,176	183	9,293	3,876	6,213	1,101	1,279	946	964	64	19
銅	15	80	21	3,162	287	153	0	4	1	3	0	31
鉛	34	0	5	0	47	0	0	0	35	1	15	0

（出所）　前表に同じ（原データは各国統計）。

2. 世界の再生資源の輸出入規模と主要輸出入国

世界の再生資源主要7品目の輸入規模（金額ベース）と主要輸出入国は第10－6表でみるとおりである（マトリックス・ベースであり，世界輸出入規模は同じである。輸入はFOBベースである）。同表から次のような特徴を指摘できる。①鉄鋼が最大規模で，7品目合計の世界貿易全体に占める割合は0.4％である（2005年）。②鉛とニッケル以外の最大の輸入国は全て東アジアである（鉛とニッケルの最大の輸入国はともに欧州）。③一国ベースで世界最大の輸入国は鉛とニッケルを除きいずれも中国である。④輸出上位2地域・国は欧州と米国で，廃プラスチックの42.4％を除き全て世界輸出の3分の2以上を占める。⑤一国ベースで日本はほぼ第3位の輸出国である。⑥再生資源最大の輸出国である欧州の輸出先は域内であり，世界全体でみた再生資源貿易の基本的循環構造は，太平洋を挟み中国が輸入しそれに米国が輸出し，それに日本が補完するという構図である。

第10－6表　再生資源の輸入規模と上位輸出入国（2005年）

	輸　入			輸　出（％）			
	規模（100万ドル）	東アジアのシェア(％)	中国のシェア(％)	第1位（欧州）	第2位（米国）	上位2位の合計	日本のシェア(％)
廃プラスチック	3,662	73.0	41.9	30.0	12.3	42.3	10.7
古紙	4,869	53.0	36.7	43.4	35.4	78.8	8.9
鉄鋼	24,080	31.3	15.3	60.9	14.6	75.5	9.0
アルミ	6,353	38.4	24.3	51.1	21.3	72.4	1.1
銅	7,769	52.7	38.2	50.5	14.0	64.5	5.3
鉛	140	7.8	2.8	62.8	15.7	78.5	2.1
ニッケル	502	20.7	1.7	58.7	12.3	71.0	1.9

（資料）　国際貿易投資研究所データベースより作成。

第2節　太平洋を巡るリサイクル貿易

太平洋を挟み日本・アジア／米国間貿易をコンテナ荷動きTEU（twenty-feet equivalent unit）から分析すると[8]，以下のような特徴と変化を挙げられよう（第10－7表）。

第10章 再生資源の世界貿易　153

第10-7表　アジア・米国間定期コンテナ航路の荷動き　　（単位：1000TEU）

		日本	韓国	台湾	中国+香港	中国	香港	マカオ	ASEAN6	シンガポール	フィリピン	マレーシア	インドネシア	タイ	ベトナム	計
アジア→米国(A)	1990	835	359	674	713	235	478	13	422	86	97	48	57	134		3,016
	1991	783	312	686	876	262	614	6	487	89	103	66	74	155		3,150
	1992	796	305	676	1,116	377	739	7	579	95	105	95	100	184		3,479
	1993	807	294	644	1,297	498	799	6	625	93	101	110	124	197		3,673
	1994	816	300	633	1,537	801	736	9	709	97	112	146	134	218	2	4,004
	1995	749	283	564	1,692	1,024	668	11	740	86	120	163	149	214	8	4,039
	1996	692	264	549	1,821	1,198	623	10	746	78	115	165	165	212	11	4,082
	1997	735	293	585	2,192	1,537	655	12	807	76	125	169	192	229	16	4,624
	1998	787	384	657	2,703	1,867	836	13	967	89	139	197	241	284	17	5,511
	1999	791	427	658	3,246	2,180	1,066	13	1,043	89	150	215	251	319	19	6,178
	2000	818	462	650	3,953	2,940	1,013	25	1,147	91	164	242	260	364	26	7,055
	2001	735	456	572	4,220	3,217	1,003	32	1,122	81	156	226	264	363	32	7,137
	2002	735	516	628	5,387	4,116	1,271	59	1,254	86	150	257	288	403	70	8,579
	2003	772	511	684	6,082	4,774	1,308	28	1,291	87	147	251	277	405	124	9,368
	2004	813	539	615	7,392	6,227	1,165	9	1,414	81	149	273	300	433	178	10,782
	2005	873	574	612	8,630	7,761	869	6	1,562	71	159	312	325	450	245	12,257
米国→アジア(B)	1990	868	350	405	277	78	199		311	79	75	33	64	60		2,211
	1991	907	367	429	365	110	255		342	83	78	43	75	63		2,410
	1992	837	359	402	419	118	301		368	87	81	48	81	71		2,385
	1993	900	355	386	432	118	314		365	98	78	48	75	66		2,438
	1994	1,013	378	446	573	201	372		469	104	95	60	108	98	4	2,879
	1995	1,077	426	416	714	257	457		529	116	102	72	123	109	7	3,162
	1996	1,026	411	384	767	312	455		553	113	109	75	125	122	9	3,141
	1997	1,027	410	370	838	355	483	1	575	126	112	83	142	104	8	3,221
	1998	963	309	328	777	367	410	1	409	98	78	53	93	80	7	2,787
	1999	960	394	322	819	456	363		458	105	93	60	101	91	8	2,953
	2000	992	439	312	1,018	654	364		572	118	102	68	151	121	12	3,333
	2001	932	392	283	1,140	815	325		478	91	85	60	114	108	20	3,225
	2002	882	425	284	1,209	891	318		511	98	83	62	130	114	24	3,311
	2003	895	438	301	1,575	1,232	343		525	103	81	62	131	119	29	3,734
	2004	842	454	339	1,724	1,405	319	1	565	110	84	67	149	116	39	3,925
	2005	838	469	397	1,998	1,667	331		597	109	88	68	158	125	49	4,300
A/B	1990	0.96	1.03	1.66	2.57	3.01	2.40		1.36	1.09	1.29	1.45	0.89	2.23		1.36
	1991	0.86	0.85	1.60	2.40	2.38	2.41		1.42	1.07	1.32	1.53	0.99	2.46		1.31
	1992	0.95	0.85	1.68	2.66	3.19	2.46		1.57	1.09	1.30	1.98	1.23	2.59		1.46
	1993	0.90	0.83	1.67	3.00	4.22	2.54		1.71	0.95	1.29	2.29	1.65	2.98		1.51
	1994	0.81	0.79	1.42	2.68	3.99	1.98		1.51	0.93	1.18	2.43	1.24	2.22	0.50	1.39
	1995	0.70	0.66	1.36	2.37	3.98	1.46		1.40	0.74	1.18	2.26	1.21	1.96	1.14	1.28
	1996	0.67	0.64	1.43	2.37	3.84	1.37		1.35	0.69	1.06	2.20	1.32	1.74	1.22	1.30
	1997	0.72	0.71	1.58	2.62	4.33	1.36	12.00	1.40	0.60	1.12	2.04	1.35	2.20	2.00	1.44
	1998	0.82	1.24	2.00	3.48	5.09	2.04	13.00	2.36	0.91	1.78	3.72	2.59	3.55	2.43	1.98
	1999	0.82	1.08	2.04	3.96	4.78	2.94		2.28	0.85	1.61	3.58	2.49	3.51	2.38	2.09
	2000	0.82	1.05	2.08	3.88	4.50	2.78		2.01	0.77	1.61	3.56	1.72	3.01	2.17	2.12
	2001	0.79	1.16	2.02	3.70	3.95	3.09		2.35	0.89	1.84	3.77	2.32	3.36	1.60	2.21
	2002	0.83	1.21	2.21	4.46	4.62	4.00		2.45	0.88	1.81	4.15	2.22	3.54	2.92	2.59
	2003	0.86	1.17	2.27	3.86	3.88	3.81		2.46	0.84	1.81	4.05	2.11	3.40	4.28	2.51
	2004	0.97	1.19	1.81	4.29	4.43	3.65	9.00	2.50	0.74	1.77	4.07	2.01	3.73	4.56	2.75
	2005	1.04	1.22	1.54	4.32	4.66	2.63	6.00	2.62	0.65	1.81	4.59	2.06	3.60	5.00	2.85
Aの構成	1990	27.7	11.9	22.3	23.6	7.8	15.8	0.4	14.0	2.9	3.2	1.6	1.9	4.4		100.0
	1991	24.9	9.9	21.8	27.8	8.3	19.5	0.2	15.5	2.8	3.3	2.1	2.3	4.9		100.0
	1992	22.9	8.8	19.4	32.1	10.8	21.2	0.2	16.6	2.7	3.0	2.7	2.9	5.3		100.0
	1993	22.0	8.0	17.5	35.3	13.6	21.8	0.2	17.0	2.5	2.7	3.0	3.4	5.4		100.0
	1994	20.4	7.5	15.8	38.4	20.0	18.4	0.2	17.7	2.4	2.8	3.6	3.3	5.4	0.0	100.0
	1995	18.5	7.0	14.0	41.9	25.4	16.5	0.3	18.3	2.1	3.0	4.0	3.7	5.3	0.2	100.0
	1996	17.0	6.5	13.4	44.6	29.3	15.3	0.2	18.3	1.9	2.8	4.0	4.0	5.2	0.3	100.0
	1997	15.9	6.3	12.7	47.4	33.2	14.2	0.3	17.5	1.6	2.7	3.7	4.2	5.0	0.3	100.0
	1998	14.3	7.0	11.9	49.0	33.9	15.2	0.2	17.5	1.6	2.5	3.6	4.4	5.2	0.3	100.0
	1999	12.8	6.9	10.7	52.5	35.3	17.3	0.2	16.9	1.4	2.4	3.5	4.1	5.2	0.3	100.0
	2000	11.6	6.5	9.2	56.0	41.7	14.4	0.4	16.3	1.3	2.3	3.4	3.7	5.2	0.4	100.0
	2001	10.3	6.4	8.0	59.1	45.1	14.1	0.4	15.7	1.1	2.2	3.2	3.7	5.1	0.4	100.0
	2002	8.6	6.0	7.3	62.8	48.0	14.8	0.7	14.6	1.0	1.7	3.0	3.4	4.7	0.8	100.0
	2003	8.2	5.5	7.3	64.9	51.0	14.0	0.3	13.8	0.9	1.6	2.7	3.0	4.3	1.3	100.0
	2004	7.5	5.0	5.7	68.6	57.8	10.8	0.1	13.1	0.8	1.4	2.5	2.8	4.0	1.7	100.0
	2005	7.1	4.7	5.0	70.4	63.3	7.1	0.0	12.6	0.6	1.3	2.5	2.7	3.7	2.0	100.0
Bの構成	1990	39.3	15.8	18.3	12.5	3.5	9.0		14.1	3.6	3.4	1.5	2.9	2.7		100.0
	1991	37.6	15.2	17.8	15.1	4.6	10.6		14.2	3.4	3.2	1.8	3.1	2.6		100.0
	1992	35.1	15.1	16.9	17.6	4.9	12.6		15.4	3.6	3.4	2.0	3.4	3.0		100.0
	1993	36.9	14.6	15.8	17.7	4.8	12.9		15.0	4.0	3.2	2.0	3.1	2.7		100.0
	1994	35.2	13.1	15.5	19.9	7.0	12.9		16.3	3.6	3.3	2.1	3.8	3.4	0.1	100.0
	1995	34.1	13.5	13.2	22.6	8.1	14.5		16.7	3.7	3.2	2.3	3.9	3.4	0.2	100.0
	1996	32.7	13.1	12.2	24.4	9.9	14.5		17.6	3.6	3.5	2.4	4.0	3.9	0.3	100.0
	1997	31.9	12.7	11.5	26.0	11.0	15.0	0.0	17.9	3.9	3.5	2.6	4.4	3.2	0.2	100.0
	1998	34.6	11.1	11.8	27.9	13.2	14.7	0.0	14.7	3.5	2.8	1.9	3.3	2.9	0.3	100.0
	1999	32.5	13.3	10.9	27.7	15.4	12.3		15.5	3.6	3.1	2.0	3.4	3.1	0.3	100.0
	2000	29.8	13.2	9.4	30.5	19.6	10.9		17.2	3.5	3.1	2.0	4.5	3.6	0.4	100.0
	2001	28.9	12.2	8.8	35.3	25.3	10.1		14.8	2.8	2.6	1.9	3.5	3.3	0.6	100.0
	2002	26.6	12.8	8.6	36.5	26.9	9.6		15.4	3.0	2.5	1.9	3.9	3.4	0.7	100.0
	2003	24.0	11.7	8.1	42.2	33.0	9.2		14.1	2.8	2.2	1.7	3.5	3.2	0.8	100.0
	2004	21.5	11.6	8.6	43.9	35.8	8.1	0.0	14.4	2.8	2.1	1.7	3.8	3.0	1.0	100.0
	2005	19.5	10.9	9.2	46.5	38.8	7.7		13.9	2.5	2.0	1.6	3.7	2.9	1.1	100.0

（出所）　海事産業研究所。以下表10-11まで同じ。

1．アジア（12カ国）から米国への荷動き（往航）

これについて以下のような特徴を指摘できる。

① 1990年の3016千TEUから2004年には10787千TEUと3.57倍となった。② 金額ベースでの貿易は1990年の18535百万ドルから2004年には452346百万ドルとTEUベースに比べ24.40倍と大きく増加した。③ 中国のシェアが急増している。2000年には7.8％しか占めていなかったが，2004年には57.7％になった。中国の中継港的役割を果たす香港を含めると往航でのシェアは24.1％から68.5％に一段と高まる。④ シンガポールからベトナムを含むASEAN6カ国のシェアは1990年の14.0％から1996年に18.3％とピークを画した以降低下をたどり，2004年には12.7％と1990年初頭のシェアに戻った。⑤ 日本のシェアは1990年には27.7％と最大であったが，その後低下傾向をたどり，1995年に18.5％となり中国に逆転され（25.4％），2004年にはわずか7.6％にまでになった。⑥ NIES諸国（韓国，台湾および香港）のシェアも低下の一途をたどった。香港のシェアは15.8％から11.0％へと低下した（高いシェアを示したのは1993年で21.8％であった）。⑦ ベトナムは1995年以降から登場する（0.2％）ようになり，その後は上昇傾向に乗り2004年には2.0％になった。

2．米国からアジアへの荷動き（復航）

① 1990年の2211千TEUから2004年には3930千TEUと1.78倍となった。② 金額ベースの貿易は104497百万ドルから2004年には201002百万ドルと1.93倍になった。③ 中国のシェアの急増。2000年には中国のわずか3.5％でしかなかったがその後増加の一途をたどり，1997年に2桁台に乗り（11.0％），2004年には35.8％になった。香港を含むと23.6％から43.9％と半分近い。④ ASEANのシェアは1990年の10.5％から2004年には14.6％に上昇した。しかし17.3％とピークを画した2000年以降低下している。⑤ 日本のシェアは1990年には39.3％と最大であったが，2002年は26.6％にまで低下すると同時に中国に抜かれ（26.9％），2004年には21.4％になった。TEU規模でも日本は843千TEUと中国の1406千TEUの約6割である。⑥ NIESでは韓国と台湾はほぼ低下の一途をたどっている。シンガポールは2000年まで3％台を維持して

いたが，その後3％以下となり2004年は2.8％である。香港は1990年に9.0％を占め，1997年には15.0％とピークを画するものの，その後低下傾向をたどり2004年にはわずか8.1％しか占めず。この間1999年には中国に抜かれた。

3．荷動きからみた太平洋貿易

太平洋貿易を荷動きからみると以下のような特徴と変化を指摘できる。

(1) TEUバランスはアジア全体で黒字である。往航/復航の比率（A/B）が1998年以降2倍以上となる[9]。金額ベース（ドル）でもアジアの黒字である。TEUを国別にみると次のような変化があげられる。① 日本は2004年まで赤字であったが2005年にはじめて黒字になる。② 韓国は1998年以降黒字になる。③ シンガポールは1993年以降赤字に転じる

(2) TEU当り金額（第10-8表）。アジアから米国では6147ドルから2000年の5万5585ドルを経て，2004年には4万1953ドルとなった。一方，米国からアジア向けでは，1990年の4万7393ドルから2000年の5万8352ドル経て，2004年には51万1210ドルとなった。国別でみると次のような特徴があげられる。① 往航・復航ともに10万ドル以上はシンガポールのみである。② 日本は往航で10万ドル以上，復航は10万ドル以下である。③ マレーシアは日本とは逆である。④ 他の諸国は往航・復航とも10万ドル以下である。ただしそれには2つのグループに分かれる。第1は往航の方が高いグループ（韓国，インドネシア）。第2は復航の方が高いグループ（中国，タイ，フィリピン）。

(3) 揚地・積地。① 往航（アジア→米国）では西岸揚の比率が圧倒的に高い。しかし1993年の83.6％から1997年の85.4％をピークにその後ほぼ低下を続け，2003年には79.9％，2000年76.6％，2005年74.7％とにまでなった（2005年値は推定）。これに対し東岸揚は1993年の16.2％からほぼ上昇の一途をたどり，2003年19.8％，2005年には23.4％となった。ガルフ揚は2005年はじめて1％を超えた。② 復航（米国→アジア）では西岸積の比率が1994～1997年にほぼ80％と高かったが，その後低下を続け2003年73.0％になり2005年には70.7％になった。一方東岸積は1995年の18.1％を底から上昇の一途をたどり1998年に20％を超え，2004年はこれまでに最高の28.5％を記録した。ガルフ積は2003年以降1％を越えたとみられる。

156　第3部　環境と資源循環

第10-8表　TEU当り金額

(単位：ドル)

		1990	2000	2004
アジア計	往航	61,447	55,585	41,953
	復航	47,393	58,352	51,210
日本	往航	109,126	174,096	145,592
	復航	55,973	65,447	64,421
中国	往航	22,612	17,735	20,069
	復航	61,628	24,747	24,728
シンガポール	往航	130,406	262,098	274,123
	復航	101,506	150,898	178,254
韓国	往航	54,094	81,409	79,497
	復航	41,140	63,394	58,176
台湾	往航	32,264	53,296	45,813
	復航	28,024	78,224	64,141
タイ	往航	39,104	40,230	35,653
	復航	49,866	54,685	54,896
マレーシア	往航	103,875	83,285	86,315
	復航	103,787	160,838	163,000
インドネシア	往航	59,035	32,596	29,223
	復航	29,640	15,907	17,926
フィリピン	往航	33,350	68,567	45,060
	復航	32,960	86,264	84,369

4．上位10品目の動き

　アジア全体からみた往航および復航のそれぞれ上位10品目をみたのが第10-9表である。それぞれの特徴として以下の点が指摘できる。
　(1)　往航。①1993年時点では軽工業品が上位3品目を占めていた。そのシェアは22.8％であった。②機械関連品目（自動車部品，一般電気機器，TV・ビデオ等の映像・音響製品，コンピュータ及び半導体，車両機器及び関連品）は23.2％を占める。③2002年以降順位の入れ替えがあるが上位10品目の固定化。しかし依然軽工業用品が上位を占めている。2002年28.6％，2003年31.5％，2004年32.1％とほぼ3分の1である。③機械関連品目のシェアは23.2％を占めていたが2002年22.1％，2003～2004年には約17％に低下した後2005

第10章 再生資源の世界貿易

第10-9表 往航・復航上位10品目の構成（アジア計）

(単位：%)

		1993		2002	2003	2004	2005
往航	合計	100	合計	100	100	100	100
	衣類及びその関連品	9.0	家具及び家財道具	12.6	14.0	15.6	16.0
	家具及び家具道具	7.4	衣類及びその関連品	10.2	11	10.4	11.1
	おもちゃ	6.4	一般電気機器	6.7	6.5	6.5	6.6
	自動車部品	6.0	おもちゃ	5.8	5.8	5.5	5.0
	一般電気機器	5.5	TV,ビデオ等の映像・音響製品	4.2	4.5	4.4	4.0
	TV,ビデオ等の映像・音響製品	5.5	履物及び付属品	4.2	3.9	3.5	3.4
	履物及び付属品	5.2	建築用具及び関連品	3.1	3.0	3.1	3.2
	コンピュータ及び半導体	3.2	床材,ブラインド等のプラスチック製品	2.8	3.1	3.1	2.9
	車両機器及び関連品	3.0	コンピュータ及び半導体	3.7	3.4	3.1	2.8
	建築用具及び関連品	2.8	自動車部品	3.3	3.3	3.1	3.0
	その他	46.0	その他	43.1	41.5	41.7	42.0
復航	合計	100	合計	100	100	100	100
	紙,板紙類及びその製品	17.9	紙,板紙類及びその製品	21.2	23.5	22.2	24.5
	ペットフード及び動物用飼料	7.5	ペットフード及び動物用飼料	6.6	6.3	5.6	6.3
	レジン等の合成樹脂	5.4	衣類及びその関連品	4.6	5.1	5.6	6.3
	家具及び家財道具	4.8	レジン等の合成樹脂	5.3	4.9	5.5	5.3
	原木及びその製品	4.4	金属鉱及びくず	3.5	4.3	4.6	5.4
	果物類	4.1	家具及び家財道具	3.7	3.2	3.7	3.8
	肉及びその調製品	3.7	原木及びその製品	3.3	3.0	3.4	3.6
	衣類及びその関連品	3.7	セメント,石,砂,粘土等	2.7	2.6	2.9	2.9
	野菜及び種苗類	3.0	果物類	3.5	3.1	2.8	2.6
	セメント,石,砂,粘土等	2.7	野菜及び種苗類	2.7	2.4	2.4	2.5
	その他	42.7	その他	42.9	41.6	41.3	36.8

年には20.9%へと高まった。④11位から20位までの品目とシェア（括弧内の数字で2004年と2005年。2005年のシェアは暫定）は次のとおり。11位：車両機器及び部品（2.3%，2.4%），12位：ランプ及び部品（2.3%，2.2%），13位：家庭・台所用品（2.2%，1.9%），14位：スポーツ，レジャー用品及び楽器（2.1%，1.9%），15位：自動車，トラック等のタイヤ及びチューブ（2.0%，2.3%），16位：クリスマス用装飾品及び造花等（1.9%，1.6%），17位：紙，板紙類及びその製品（1.6%，1.7%），18位：精密機器及び部品，クオーツ（1.5%，1.5%），19位：原木及びその製品（1.3%，1.6%），20位：鋼材及びその製品（1.1%，1.2%）。11位から20位までの合計シェアはほぼ18%である。機械のシェアは約4%と低い

(2) 復航。① 機械関連品目は含まれていない。② 品目間の順位入れ替えがあるが上位10品目のうち9品目は同じである。③ 2002年以降には「金属鉱及びくず」が入っている。④ 11位から20位までの合計シェアは約17％で，その品目は次のとおり（括弧内の数字で2004年と2005年）。11位：肉類及びその調製品（2.0％，2.6％），12位：糸，布等織物用繊維（1.7％，1.7％），13位：アルコール，飲料，タバコ等の嗜好品（1.6％，1.7％），14位：古紙（1.6％，1.8％），15位：車両機器及び部品（1.5％，1.8％），16位：ピッチ，タール等の鉱物性残留物（1.5％，1.6％），17位：香料，染料，化粧品等の原料（1.5％，1.5％），18位：穀物及びその調製品（1.4％，1.3％），19位：一般電気機器（1.3％，1.4％），20位：ビデオ，テレビ等の映像・音響製品（1.3％，1.3％）

(3) 国別往航・復航の上位10品目の構成変化

往航・復航とも最大のシェアを有する中国（香港を含む）および第2位の日本についての10品目の構成変化をみる。

中国については以下のような変化がみられる（第10-10表）。

往航：① 1993年には「おもちゃ」が最大品目で（14.5％），以下「衣類およびその関連製品」（12.3％），「履物及び付属品」（10.2％）。機械関連品目は8.6％と極めて低かった。② 2000年以降「家具及び家財道具」が第1位となる。機械関連品は2003年17.9％に高まった。③ 上位10品目のうち中国がアジア全体で50％以上のシェアを占めるのは「床財，ブラインド等のプラスチック」（16.1％）を除く9品目となる。「おもちゃ」は実に93.7％も占める。つまりアジアの米国向け「おもちゃ」はほぼ全量中国が輸出しているということである。「履物及び付属品」と「コンピュータ及び半導体」は80％以上中国が占める。

復航：① 1993年には「紙，板紙類及びその製品」が15.9％を占め最大の品目で，第2位は「レジン等の合成樹脂」（13.0％）であった。② その後も第1位は「紙，板紙類及びその製品」であるが，そのシェアは一層高まり，2004年には34.3％になった。第2位は「金属およびくず」で10.3％を占める。③ 往航に比べ中国が圧倒的に高いシェアを占めているのは「金属およびくず」（96.5％）以外ない。④ 機械類は上位10品目に入っていない。

日本については以下のような特徴と変化がみられる（第10-11表）。

往航：① 1993年には「自動車部品」を筆頭に（23.6％），機械関連が53.7％

第 10 章 再生資源の世界貿易

第 10-10 表 中国（含む香港）の往航・復航上位 10 品目の構成

(単位：%)

		1993			2002		2003	
		上位10品目	対全体		上位10品目	対全体	上位10品目	対全体
往航	合計	100	35.3	合計	100	62.8	100	64.9
	衣類及びその関連品	12.3	48.4	家具及び家財道具	15.1	71.6	16.6	73.9
	家具及び家具道具	6.4	30.3	衣類及びその関連品	7.0	53.8	7.8	57.9
	おもちゃ	14.5	79.3	一般電気機器	6.8	60.6	6.9	66.5
	自動車部品	0.3	1.6	おもちゃ	9.2	94.3	8.8	93.7
	一般電気機器	4.1	26.4	TV,ビデオ等の映像・音響製品	3.7	52.4	3.9	54.4
	TV,ビデオ等の映像・音響製品	3.1	20.1	履物及び付属品	6.3	89.1	5.5	88.6
	履物及び付属品	10.2	69.1	建築用具及び関連品	3.4	53.8	3.3	61.0
	コンピュータ及び半導体	0.6	7.1	床材,ブラインド等のプラスチック製品	0.7	13.7	0.9	16.1
	車両機器及び関連品	0.5	5.5	コンピュータ及び半導体	2.9	56.8	4.3	85.7
	建築用具及び関連品	2.1	26.6	自動車部品	4.1	86.9	2.8	58.8
	その他	45.9	35.3	その他	40.9	59.5	39.2	60.8
復航	合計	100	17.7	合計	100	36.5	100	42.1
	紙,板紙類及びその製品	15.9	15.8	紙,板紙類及びその製品	31.4	55.1	34.3	62.5
	ペットフード及び動物用飼料	0.4	0.9	ペットフード及び動物用飼料	0.8	4.0	0.4	2.3
	レジン等の合成樹脂	13.0	42.7	衣類及びその関連品	9.0	59.4	7.1	59.6
	家具及び家財道具	3.5	12.9	レジン等の合成樹脂	4.1	28.7	3.3	28.1
	原木及びその製品	0.9	3.7	金属鉱及びくず	2.9	27.4	10.3	96.5
	果物類	6.9	29.5	家具及び家財道具	3.0	30.1	4.9	46.9
	肉及びその調製品	5.4	25.4	原木及びその製品	9.3	94.2	2.0	26.4
	衣類及びその関連品	1.6	7.5	セメント,石,砂,粘土等	2.6	26.8	3.5	47.0
	野菜及び種苗類	1.8	10.8	果物類	4.1	43.1	2.3	30.9
	セメント,石,砂,粘土等	0.8	4.9	野菜及び種苗類	0.9	11.5	1.2	19.5
	その他	50.0	20.8	その他	31.9	28.8	30.8	32.8

と半分以上を占めていた。しかし 2003 年にはわずか 1.4％である。これは日本の自動車メーカーが日米貿易摩擦を契機に現地生産をしたためである。② 上位 10 品目のうちアジア全体に占める日本のシェアは 1993 年には「自動車部品」の 86.8％を最高に，「車両機器及び関連品」76.7％，「コンピュータ及び半導体」41.3％，「TV，ビデオ等の映像・音響製品」31.0％など高いものであった。2003 年には「床材，ブラインド等のプラスチック製品」の 62.0％を除き軒並み 10％以下である。

復航：① 機械関連はひとつも入っていない。② 10 品目のうちアジア全体に占める日本のシェアは「ペットフード及び動物用飼料」（69.0％）を除き軒並

160　第3部　環境と資源循環

第10-11表　日本の往航・復航上位10品目の構成

(単位：％)

			1993			2002		2003	
			上位10品目	対全体		上位10品目	対全体	上位10品目	対全体
往航	合計		100	22.0	合計	100	8.6	100	8.2
	衣類及びその関連品		0.9	2.3	家具及び家財道具	0.3	0.2	0.6	0.4
	家具及び家財道具		0.3	0.9	衣類及びその関連品	0.8	0.8	0.8	0.8
	おもちゃ		1.4	4.7	一般電気機器	4.1	5.0	4.4	5.3
	自動車部品		23.6	86.8	おもちゃ	0.5	0.7	0.4	0.5
	一般電気機器		5.9	23.6	TV, ビデオ等の映像・音響製品	5.2	10.1	5.0	8.8
	TV, ビデオ等の映像・音響製品		7.7	31.0	履物及び付属品	0.0	0.0	0.0	0.0
	履物及び付属品		0.1	0.4	建築用具及び関連品	4.2	9.2	3.5	8.0
	コンピュータ及び半導体		6.0	41.3	床材,ブラインド等のプラスチック製品	25.2	63.0	26.1	62.0
	車両機器及び関連品		10.5	76.7	コンピュータ及び半導体	1.1	2.9	0.6	1.4
	建築用具及び関連品		1.2	9.4	自動車部品	0.4	1.3	1.4	3.7
	その他		42.4	20.2	その他	58.2	11.6	57.2	11.2
復航	合計		100	36.9	合計	100	26.6	100	23.9
	紙, 板紙類及びその製品		8.0	16.5	紙, 板紙類及びその製品	6.1	7.7	6.0	6.2
	ペットフード及び動物用飼料		18.2	89.2	ペットフード及び動物用飼料	18.2	69.4	19	69.0
	レジン等の合成樹脂		1.4	9.4	衣類及びその関連品	1.7	8.0	1.6	7.8
	家具及び家財道具		3.9	29.9	レジン等の合成樹脂	8.5	42.9	8.9	43.1
	原木及びその製品		7.4	62.3	金属鉱及びくず	1.7	11.5	0.2	1.1
	果物類		3.3	29.8	家具及び家財道具	3.9	28.2	1.5	8.3
	肉及びその調製品		6.4	62.8	原木及びその製品	0.2	1.8	3.8	29.1
	衣類及びその関連品		3.2	31.8	セメント, 石, 砂, 粘土等	4.1	31.0	3.0	22.8
	野菜及び種苗類		5.8	71.7	果物類	3.3	24.9	3.8	29.6
	セメント, 石, 砂, 粘土等		2.6	35.6	野菜及び種苗類	6.5	61.0	3.3	29.2
	その他		39.7	34.4	その他	45.8	30.1	48.9	29.6

み低下した。

第3節　リサイクル網としての太平洋貿易

　太平洋貿易はもうひとつの重要な側面を持っている。それは世界再生資源のリサイクル貿易の中心であるということであり，主に復航つまり米国からアジア向け輸出にみられる。米国からアジア向け上位10品目に，再生資源として「紙，板紙類及びその製品」（古紙を含む），「金属鉱及びくず」の2つが登場し

ている。2005年のTEUベースで，前者は復航で一貫して第1位で24.5%を，後者は5.4%をそれぞれ占める。いずれも中国が最大の輸入国でかつそれぞれのほとんどを占める。「金属鉱及びくず」はほぼ全量中国が輸入している。「紙，板紙類及びその製品」（古紙を含む）は中国が約3分の2を輸入している。

中国をはじめとする東アジア諸国の品目別再生資源の輸入量は既に第10-5表で確認した。フィリピンを除き各国ともほぼ全品目1990年から2003年にかけ再生資源の輸入を急増させている。主要再生資源貿易の主要取引の舞台は太平洋である。以下再生資源品目の取引状況をみよう。

1．ペットボトル

ペット（PET）ボトルは1977年（昭和52年）にしょうゆ瓶に採用されて以来普及した。ペットボトルは軽量，耐久性，安全さらにガスバリアー性がありさらに添加物も使用していないという特性がある。

2003年のプラスチックの生産量は1362万トンである。樹脂別生産構成では，ペットボトルの原料はポリエチレンの23.2%を筆頭に以下ポリプロピレン（20.2%），塩化ビニール樹脂（15.9%），ポリスチレン（8.5%），PET樹脂（4.4%）などで熱可塑性樹脂合計90.6%である（2003年，日本プラスチック工業連盟）。日本のプラスチック消費量は81kg／人・年で，米国をはじめベルギー，ドイツの150kg／人・年に比べほぼ半分である（2002年）。しかも日本の消費量は近年低下傾向にある（日本プラスチック工業連盟）。

1982年に清涼飲料用容器につかわれ，現在ペットボトルは清涼飲料用として8割を占める。ペットボトルは石油から作られるプラスチックの一種類であり，PETとはポリエチレンテレフタレートの略称である。

ペットボトルの回収率は2000年の34.5%から2001年の44.0%を経て2002年には53.4%とはじめて50%を超えた。2005年の日本の回収率は65.6%で，世界で最も高い。米国の19.9%はもとより欧州の25%を大きく上回る。この結果収集が確認されていない未確認量（リサイクル，輸出，焼却，埋立など）は1999年の25.6万トンをピークにその後減少し，2003年は17.0万トンとなった（PETボトルリサイクル推進協議会）。回収ペットボトルの用度別使用は第10-12(1)表のとおり。最も高いのは繊維の43.0%で，以下シート（36.9

第 10-12(1) 表　指定法人ルートでの再生 PET の用途別，年次推移実績

(単位：トン)

年度	1997	1998	1999	2000	2001	2002	2003	2004
繊　維	6,077	16,895	25,188	38,317	48,659	58,940	57,445	63,554
シート	1,112	5,218	11,450	23,407	37,510	45,632	50,021	54,589
ボトル	756	211	179	326	381	606	11,312	23,351
成形品	366	1,265	2,530	3,802	5,330	5,314	3,944	4,239
その他	87	320	258	2,723	3,032	1,993	1,576	1,965
合計	8,398	23,909	39,605	68,575	94,912	112,485	124,298	147,698

(出所)　日本容器包装リサイクル協会。

%)，ボトル (15.8%)，成形品 (2.8%) と続く。2005 年度には制服や作業着，カーペット，カーテン，傘など 6 万 4103 トンに達する繊維製品になった。分別で回収している重要な主体は自治体 (2796)，スーパーマーケットとコンビニの店頭である。資源として分別している自治体は 2004 年で約 58% であるという。自治体が回収するのは東京方式であり，自治体の回収率は 1998 年末時点では 31% と低位であったが，2005 年には 47.3% に上昇した。2024 年度には 80% の回収を目指す。自治体が回収した使用済みペットボトルは「日本容器包装協会」に売却されるが，2006 年度には約 25 億円にもなったという[10]。

「ボトル to ボトル」

　ペットボトルの原料は回収すれば何にでも使える。増大を続けるペットボトルを回収して再利用すれば何度でも使える化学分解法を帝人ファイバーとペットリバース社が開発した。この方法は使用済みのボトルを化学的に分解してテレフタル酸にまで戻し，新しいボトルとする利用方法で，「ボトル to ボトル」であり「究極の」リサイクルという[11]。これは従来の回収済のペットボトルをフレーク状にして加熱し樹脂を柔らくし，衣料などに加工し，残りは焼却処分にされていたものを超えるものである。「ボトル to ボトル」の処理能力は年間約 9 万トンであるという。帝人は自治体が回収したペットボトルを樹脂に再生してボトル生産に利用する一貫体制を目指すために住友商事と提携した[12]。

　排出抑制のため，500 ミリリットル・ペットボトルは 32g から 23g に，2 リットル・ペットボトルは 63g から 42g へと，いずれも軽量化した。1 リットル・ペットボトルの重量は 1999 年の 50.8g から 2003 年には 46.1g となった。これら軽量化により発生が抑制 (Reduce) されている。発生が抑制され

た量は 2000 年の 1.2 万トンから 2003 年には 4.2 万トンと，4 年間累計で 10 万トン以上がリデュースされた（PET ボトルリサイクル推進協議会）。

　新しいペットボトルの化学的分解法は他のポリエステル製品にも応用可能である。廃プラスチックの原料化は家電製品や電子機器，複写機でもなされている。シャープをはじめキャノン，松下電器産業，富士ゼロックスなどは既に廃プラスチックを再利用し，自社製品に利用している。そのうち富士ゼロックスは再生樹脂を 100% 利用した部品をデジタルカラー複写機に採用しているという。石川播磨重工業は廃プラスチックから石油化学原料を回収し，再利用する技術を開発した。回収率は 60% という高いものである。新日本製鉄（北九州市）は廃プラスチックから鉄鋼の主原料であるコークスを作る炉に投入し，再利用できるガスや油，コークス代替原料に再利用している[13]。農業環境技術研究所は自然界で分解される生分解性プラスチック（生プラ）を強力に分解する微生物（酵母）を稲の葉から発見した。これによってプラスチックごみの減量化が可能になるという。またプラスチックの原料であるエチレンやプロピレンは石油から作るのが一般的であるが，植物由来のエタノールから汎用プラスチック原料を作る技術が現在進められている。

(1) 高い中国向け輸出比率

　「ボトル to ボトル」という「究極の」処理方法が開発されたのにもかかわらず，回収されたペットボトルの半分が海外に流出つまり輸出されている。2004 年度の国内の回数量は約 38 万トンであったが，このうち約半分 19.5 万トンが中国や香港向けに輸出されたと推計されている。中国向け輸出が増加した理由は，中国で玩具材料などの樹脂製品を生産するに際し，原料から作るより樹脂製ペットボトルから作るほうが安価のためであるという。一方，輸出する日本側の理由として，例えば回収の半分を担っている自治体のボトルの収集・処理コストが 1 キロ当たり 150〜200 円と高いためである（朝日新聞 2005 年 1 月 30 日付け朝刊）。輸出業者の買い付け価格はキロ当たり 20 円以上である。2005 年から千葉県習志野市は全量輸出に切り替えることを検討した。それは輸出業者向けの販売価格がキロ当たり 22 円と国内業者向けの 2 倍以上であるからである。

　中国への廃ペットボトル輸出が急増した結果，日本の再商品化事業者は廃

ペットを確保することが困難になった。事業者の処理能力を示す再商品化可能量はこの数年増加し，2006年度には39.6万トンになると見込まれるが，廃ペットボトルの供給量は処理能力の約4割にとどまる。そこで日本容器包装協会は，リサイクル事業者に払う再商品化の委託費のもとになる入札で「マイナス入札」を初めて容認した。「マイナス入札」とは事業者が協会から委託費をもらうのとは逆に，協会に廃ペットボトル代を払い購入するという仕組みである。

(2) ペットボトルの国際貿易

第10-12(2)表はHS3915（Waste, Parings and Scrap, of Plastics）つまり「プラスチックのくず」主要輸入国である。同表から世界のプラスチックの

第10-12(2)表　世界の廃プラスチックス輸入

(単位：100万ドル)

順位	国名	1999	2000	2001	2002	2003	2004	2005
	世界	1,085	1,470	1,452	1,436	1,827	2,799	3,966
1	中国	228	442	474	487	697	1,242	1,736
2	香港	379	485	460	450	574	816	1,248
3	米国	157	154	147	160	149	161	223
4	カナダ	50	63	67	60	65	82	110
5	イタリー	33	41	42	36	46	62	78
6	オランダ	24	26	27	24	36	42	59
7	ベルギー	25	29	29	25	31	44	56
8	ドイツ	19	23	22	27	41	49	54
9	アイルランド	19	28	30	17	20	30	47
10	台湾	21	26	17	14	14	27	35
11	インド	14	14	22	18	12	25	28
12	マレーシア	4	6	5	5	9	18	26
13	ベトナム	1	2	2	2	2	14	25
14	メキシコ	27	21	12	10	8	11	20
15	フランス	8	11	11	11	18	17	19
16	英国	7	11	8	6	7	11	19
17	スペイン	8	10	12	13	14	17	18
18	デンマーク	5	6	6	6	8	12	16
19	オーストリア	4	5	5	7	7	10	15
20	韓国	5	7	3	2	2	7	12
	合計	1,037	1,409	1,401	1,379	1,760	2,698	3,843

(注)　順位は2005年を基準。
(出所)　国際貿易投資研究所データベースより作成。以下表10-12(8)まで同じ（ただし表10-12(6)を除く）。

くず輸入について以下のような特徴を指摘できる。

① 世界のペットボトルの輸入規模は2005年には39億6600万ドルとこれまでの最高となった。② 輸入上位第1位中国（43.8%），第2位香港（31.5%）で，両国だけで世界の4分の3以上を占める。第3位は米国で，そのシェアは5.6%である。③ 輸入規模が1000万ドル以上の国数は20カ国で，累計シェアは96.9%である。④ 上位20カ国に入っている東アジア諸国は中国，香港，台湾，マレーシア，ベトナム，韓国の6カ国である。6カ国の合計シェアは53.2%である（以上いずれも2005年）。⑤ 2000年まで香港が最大の輸入国であったが，その後中国が一貫して首位である。

世界のプラスチックのくず輸出をみたのが第10-12(3)表で，同表から次のような特徴を指摘できる。① 世界の輸出規模は増加しており，2005年には36億6200万ドルに達した（世界の輸入規模とほとんど同じであるが，第10-12(2)表でみた傾向とは異なる。これはデータが輸入と同様にReporting Countryベースつまり報告国数がそれぞれ違うからである）。② 輸出上位国は台湾，米国，日本，ドイツ，メキシコなど10カ国で，いずれも1億ドル以上である。合計のシェアは78.3%である。③ 上位10カ国において東アジアが入っているのは香港と日本のみで，合計シェアは34.3%である（以上いずれも2005年値）。④ 順位の変化。香港は一貫して第1の輸出国である。米国は2001年以

第10-12(3)表　世界の廃プラスチックス輸出

（単位：100万ドル）

順位	国名	1999	2000	2001	2002	2003	2004	2005
	世界	1,152	1,435	1,457	1,499	1,899	2,647	3,662
1	香港	337	374	343	346	449	614	861
2	米国	150	208	273	257	291	348	453
3	日本	53	93	107	122	174	275	395
4	ドイツ	52	70	70	85	123	202	272
5	メキシコ	194	213	196	203	192	168	200
6	フランス	51	63	63	73	90	129	168
7	オランダ	44	60	65	62	81	115	152
8	英国	25	37	36	40	56	112	136
9	ベルギー	42	51	52	52	75	105	124
10	カナダ	48	50	47	39	54	65	105
	合計	996	1,219	1,252	1,279	1,584	2,131	2,866

降第2位となった。日本は2004年から第3位である。

廃プラスチックの最大の輸入国は中国で，さらに輸入を増加させようとしている。中国の輸入構造の特徴として次の点があげられよう（第10-12(4)表）。① 中国の輸入規模は1995年の1.145億ドルから2005年には19.279億ドルへと急増した。② 最大の輸入先は2000年以降香港で，2005年には中国の総輸入の34.7%を占める（2004年は42.2%）。以下ドイツ，台湾と続き，上位3カ国で中国の総輸入の53.8%を占める（2004年は62.2%）。③ 日本からの輸入は2004年の8110万ドルをピークにその後減少し，2004年には4100万ドル（3.0%）の半減を経て，2005年には880万ドルと，ピーク時の10分の1にま

第10-12(4)表　中国の廃プラスチックの輸入

(単位：100万ドル)

順位	輸入先	1995	1996	1997	1998	1999	2000	2001	2002	2003	2004	2005	2006
	世界	114.47	42.47	83.27	114.86	253.79	490.84	525.79	540.81	774.32	1,378.11	1,927.95	2,407.08
1	香港	14.28	3.02	11.18	16.03	51.80	213.93	243.60	270.60	251.70	582.32	670.17	652.32
2	豪州	1.09	0.20	0.05	0.18	1.85	1.50	0.19	5.23	22.55	67.21	138.42	302.74
3	台湾	11.36	2.13	1.96	5.99	4.85	15.54	29.83	38.98	43.34	164.67	177.11	201.35
4	ドイツ	1.68	0.21	0.57	0.59	2.60	6.22	13.25	16.11	27.76	67.78	191.64	156.38
5	米国	48.87	21.06	28.04	39.11	104.27	133.51	101.39	64.56	68.98	110.30	131.70	155.36
6	フィリピン	0.64	0.25	0.18	0.35	0.43	0.22	0.75	0.55	1.06	5.58	20.96	147.99
7	日本	22.75	12.19	35.91	46.53	74.50	54.06	60.62	58.86	81.14	40.97	8.79	89.48
8	スペイン	0.06	0.00	0.00	0.03	0.04	0.93	1.58	1.10	3.33	10.69	33.92	83.92
9	韓国	3.26	0.89	1.17	2.11	4.23	31.52	15.01	11.15	21.46	48.87	73.62	80.97
10	マレーシア	1.36	0.30	0.37	0.22	0.31	2.84	4.00	2.88	3.01	6.07	23.11	58.69
11	マカオ	0.09	0.00	0.00	0.01	0.06	0.01	0.04	0.14	0.40	0.12	73.52	49.39
12	カナダ	0.90	0.22	2.47	1.34	1.41	5.23	7.99	19.97	58.76	82.04	27.01	47.16
13	タイ	0.25	0.07	0.01	0.28	0.58	1.88	4.31	3.55	3.41	11.49	34.26	36.72
14	フランス	0.82	0.11	0.09	0.13	0.22	0.41	3.37	5.39	7.85	8.00	11.70	33.21
15	オランダ	2.43	0.72	0.32	0.34	1.92	4.47	4.35	6.37	20.18	14.98	24.68	31.93
16	ベルギー	0.90	0.27	0.12	0.02	0.53	6.37	10.65	9.64	18.10	35.58	37.19	29.95
17	メキシコ	0.03	0.01	0.02	0.21	1.12	3.26	5.29	5.68	8.18	16.73	23.82	24.24
18	イタリー	0.13	0.00	0.00	0.00	0.29	1.89	3.35	3.49	6.69	12.54	14.98	22.41
19	ニュージーランド	0.27	0.00	0.00	0.01	0.00	0.09	0.24	0.08	0.17	19.25	32.92	21.16
20	アルゼンチン	0.00	0.00	0.00	0.00	0.76	0.42	0.67	0.58	0.97	1.52	19.57	18.07
21	エジプト	0.00	0.00	0.00	0.00	0.00	0.07	0.02	0.09	0.21	2.36	10.99	15.56
22	ペルー	0.00	0.00	0.00	0.00	0.00	0.03	0.01	0.12	0.30	7.17	15.83	15.40
23	英国	0.59	0.24	0.15	0.21	0.27	2.04	2.46	2.08	3.90	6.10	11.68	13.24
24	インドネシア	0.38	0.03	0.04	0.13	0.27	1.08	1.64	1.92	2.94	5.93	16.96	12.01
	合計	112.14	41.93	82.64	113.80	252.33	487.49	514.91	529.00	656.38	1,328.27	1,824.52	2,299.63

で縮小した。この理由は 2004 年 5 月 8 日，中国が日本からの廃プラスチック輸入を全面禁止したことによるものである。それは日本から青島向けに輸出された廃プラスチック（4000 トン）にリサイクルできない粗悪物質が混在していたからである。中国が特定一国を対象に再生資源の輸入を全面的に禁止したのは初めてである[14]。④ 中国の日本からの輸入の禁止で，日本の香港向けが急増した。2004 年香港の日本からの輸入は前年に比べ 2 倍近く，2005 年には前年の 1.6 倍となった。これに呼応して，2005 年香港の中国向け輸出は過去最大となった。

中国の最大の輸入先は香港であるが，香港は対中輸出の中継的役割を果たしている。香港の廃プラスチックの貿易構造を分析すると，まず輸入（第 10 - 12 (5) 表）については次の特徴を指摘できる。① 廃プラスチックの輸入総額は

第 10 - 12 (5) 表　香港の廃プラスチックの輸入

(単位：100 万ドル)

順位	輸入先	1997	1998	1999	2000	2001	2002	2003	2004	2005	2006
	世界	391.79	533.13	421.27	538.37	510.58	500.03	637.60	906.80	1,386.94	1,682.38
1	日本	92.08	120.05	89.12	120.34	120.68	131.42	149.32	257.24	413.74	460.83
2	米国	154.88	127.94	124.52	161.70	161.85	153.77	184.10	209.20	295.14	356.81
3	英国	4.95	5.91	10.25	19.82	20.71	19.79	32.17	50.87	85.96	136.51
4	ドイツ	16.06	16.51	26.28	42.02	36.03	28.03	35.37	56.22	78.19	109.80
5	オランダ	15.79	13.84	25.93	38.59	32.73	32.36	39.02	52.62	72.74	86.88
6	ベルギー	0.00	0.00	0.00	0.00	0.00	0.00	29.51	37.60	45.38	57.91
7	台湾	17.78	28.43	16.57	16.78	13.99	15.00	17.99	23.90	34.76	47.81
8	タイ	6.65	41.22	16.68	6.86	6.73	5.17	8.03	16.73	37.45	41.87
9	カナダ	7.75	9.28	8.88	13.00	13.80	13.86	21.06	22.53	33.96	41.33
10	マレーシア	9.79	18.48	12.26	12.58	10.76	12.61	17.04	21.70	38.33	40.33
11	メキシコ	2.97	1.48	5.10	6.91	3.73	3.96	7.46	10.37	20.01	35.03
12	フランス	2.49	3.47	6.86	12.12	11.85	12.16	18.16	27.75	28.26	31.91
13	豪州	6.11	8.01	7.46	7.79	8.47	10.71	17.93	18.33	22.38	31.78
14	韓国	14.56	40.56	10.77	7.62	8.72	4.96	6.39	12.39	18.54	25.27
15	中国	7.52	9.38	7.11	8.16	8.73	7.86	8.44	17.03	25.17	22.21
16	シンガポール	4.52	10.69	4.48	6.12	5.75	6.40	9.13	10.62	18.18	17.77
17	フィリピン	2.64	3.35	2.93	4.83	4.96	4.64	5.58	7.71	14.20	17.75
18	イタリー	1.25	0.87	2.98	3.51	2.95	2.36	5.34	9.93	16.61	15.56
19	インドネシア	1.94	25.81	6.82	5.41	3.92	3.46	4.64	7.70	13.76	12.24
20	スペイン	0.05	0.30	0.49	2.68	2.11	1.93	4.38	7.07	11.31	11.78
21	サウディアラビア	3.79	14.63	5.24	6.75	5.58	5.04	2.40	2.46	5.47	10.75
	合計	373.58	500.22	390.72	503.58	484.06	475.50	623.47	879.93	1,329.53	1,612.13

1997年の3億9180万ドルから2005年には13億8690万ドルと急増した。②最大の輸入先は日本で，9210万ドルから4億1370万ドルと増加し，総輸入に占める日本の比率は23.5％から29.8％に上昇した。③第2位以下1000万ドル以上の国数は前年の16カ国20カ国に増え，合計シェアは95.5を占める2004年は93.1％。④日本を含む上位20カ国のうち東アジアのシェアは43.3である。

一方香港の輸出構造について次のような特徴と変化を指摘できる。①輸出総額は1997年の3億1520万ドルから2005年には6億6070万ドルに増加した。②最大の輸出先は中国で，総輸出に占める中国向けシェアは99.1％である。つまり香港の廃プラスチック輸出はほぼ全量中国向けであるということである。これは一貫して変わっていない。③中国の香港からの輸入規模（6億7020万ドル）は香港の中国向け輸出規模（8億5310万ドル）を約3割上回る[15]。

金額ベースでは，中国の香港からの輸入規模と香港の中国向け輸出（再輸出および地場輸出）と大きな乖離がないが，数量ベースだと極めて大きい。第10-12(6)表でみるように，例えば1998年において，中国の輸入統計では，香港からの輸入量は10.8万トンであるが，香港の中国向け輸出統計では110.7万トンと10倍以上である。その後両者の乖離は比較的小さくなったが，2001年と2002年でも香港からの輸出のほうが2〜3割上回っている。

第10-12(6)表　廃プラスチックの中国の輸入，香港の中国向け輸出

(単位：1000トン)

	中国の輸入統計		香港の中国向け輸出統計		
	世界計	香港	再輸出	地場輸出	合計
1994	374	79	642	297	939
1995	559	84	740	285	1,025
1996	212	18	667	193	861
1997	450	74	697	147	845
1998	654	108	930	177	1,107
1999	1,388	312	1,201	129	1,330
2000	2,007	880	1,424	150	1,574
2001	2,225	1,124	1,271	207	1,479
2002	2,457	1,293	1,429	155	1,585
2003	3,024	994	1,540	187	1,728

(出所)　中国と香港の貿易統計による（アジア経済研究所『ワールド・トレンド』2005年11月号）。

(3) 中国の事実上の主要輸入先

香港のプラスチックくず輸出のほぼ全量中国向けである。2006年その輸入先は第1位が日本（27.4％），第2位が米国（21.2％）で，両国合計で8.2億ドル，同財総輸入に占めるシェアは約半分である。一方，日本と米国の中国向け直接輸出（第10－12(7)表，第10－12(8)表）はそれぞれ9970万ドル，1億5040万ドルであり，合計2億5010万ドルである。香港経由の日米からの輸入という実質日米からの輸入を考慮すると，2006年中国の両国からの輸入額は9億240万ドルとなる。これは2006年の中国の総輸入額の3分の1強（37.5％）である。

第10－12(7)表　日本の廃プラスチック輸出

(単位：100万ドル)

順位	輸出先	1995	1996	1997	1998	1999	2000	2001	2002	2003	2004	2005	2006
	世界	65.5	52.3	43.0	38.9	53.5	92.8	107.4	121.6	173.6	274.9	395.2	520.8
1	香港	48.6	35.8	30.3	23.6	30.7	50.0	52.8	61.4	86.2	196.9	333.7	381.8
2	中国	5.9	3.4	4.1	6.8	15.2	32.3	44.8	48.2	72.0	46.4	24.2	99.7
3	台湾	6.7	8.4	4.5	4.4	3.8	5.9	5.5	6.1	8.6	18.5	20.6	24.1
4	韓国	2.2	2.3	1.7	1.5	1.6	1.7	1.4	1.3	1.8	4.2	7.8	5.5
5	米国	1.2	0.8	1.0	0.7	1.0	1.4	1.0	1.4	1.2	0.9	0.9	2.0
6	マレーシア	0.1	0.2	0.3	0.1	0.1	0.2	0.1	0.9	0.5	1.9	1.7	1.9
7	マカオ	0.0	0.0	0.1	0.7	0.0	0.0	0.0	0.0	0.0	0.6	1.1	1.6
8	ベトナム	0.0	0.1	0.1	0.0	0.0	0.0	0.1	0.1	0.1	0.6	0.7	1.5
	合計	64.8	50.9	42.0	37.9	52.4	91.6	105.7	119.3	170.5	270.1	390.8	518.0

第10－12(8)表　米国の廃プラスチック輸出

(単位：100万ドル)

順位	輸出先	1995	1996	1997	1998	1999	2000	2001	2002	2003	2004	2005	2006
	世界	218.7	146.6	114.4	130.3	149.7	208.4	272.9	257.2	290.8	347.7	452.6	581.3
1	香港	102.8	45.6	27.0	22.4	28.3	49.0	79.1	95.6	106.7	101.5	152.5	223.1
2	中国	5.8	3.4	2.4	7.3	24.2	31.1	38.1	50.0	53.2	83.7	100.9	150.4
3	カナダ	34.2	35.4	41.6	40.6	45.4	59.4	63.9	54.2	61.6	79.2	107.3	107.1
4	インド	4.4	3.1	5.0	3.5	5.2	4.8	7.1	6.7	7.1	8.4	20.5	22.6
5	ベルギー	0.8	0.6	0.5	1.6	0.7	1.7	11.4	3.9	4.8	6.0	6.2	13.0
	合計	148.0	88.1	76.5	75.4	103.7	146.1	199.5	210.4	233.4	278.8	387.4	516.2

2. 古紙

　日本の紙・板紙生産量は1987年（昭和62年）の2253.7万トンから2000年（平成12年）には3182.8万トンになった。これは米国の8549.5万トンの生産量に次ぐ第2位である。日本の紙・板紙消費量は3163.2万トンで，米国の9235.5万トン，中国の3627.7万トンに次ぎ第3位である。1人当り年間消費量では日本は249.9kgで，世界第1位のフィンランドの351.7kgを筆頭にベルギー（340.7kg），米国（331.7kg）などに続き第8位である。上位20カ国の消費国は日本と台湾（229.4kg）を除き，いずれも欧米先進国である（以上いずれも2000年）(Paper Recycling Promotion Center)。このように先進国は人口比率に比べ，古紙の消費量比率はそれを大きく上回り，森林伐採や地球環境保護の観点から古紙の再利用が求められている。

　日本の紙の品種別生産構成は紙59.8%，板紙40.2%である（2000年度）。内容は紙では印刷情報用紙36.9%，新聞用紙10.7%，包装用紙3.3%，衛生用紙5.5%，雑種紙3.4%であり，板紙では段ボールが30.4%と大きいシェアを占める。

(1) 古紙の回収

　古紙（入荷，輸入，輸出。各パルプベース）の回収量は1990年の1402.1万トンから2002年には2004.6万トンに達した。古紙回収率（対紙・板紙国内消費）は1990年の51.5%から2002年には59.6%に高まった。古紙需給では，毎年入荷と消費はほぼ均衡している。

　板紙生産のうち約3分の1を占める段ボールのリサイクル率は（国内製紙ベーカー・ベースで段ボール古紙／段ボール原紙），1993年にほぼ80%に到達し，その後ほぼ上昇の一途をたどり，1998年の85.4%を経て，2003年には96.2%になった。輸出入を算入すると，段ボールのリサイクル率は2003年には105.5%となる（(段ボール古紙ベースで製紙メーカー入荷量＋輸出量－輸入量)／段ボール原紙））。(段ボールリサイクル協議会)

　なお段ボールに関して，次のような特徴が挙げられる。① 段ボールの軽量化も図られている。重量は1990年の664.1g/m^2から2003年には644.9g/m^2となった。② 日本で回収される段ボール古紙の8〜10%は輸入物品の梱包に使用されたものという。③ 家庭から排出される段ボールは生産量比7.5%，販売

包装 5.2%（約 95%が輸送包装）。④ 段ボール原紙の古紙の含有量は 92〜93%という高いものである。

(2) 日本の紙・板紙および古紙貿易（HS4707）

日本の 1990 年以降の紙・板紙および古紙の輸出入は第 10 - 13 (1) 表で示すとおりである。同表から次の特徴が挙げられるであろう。① 1990 年代前半の板紙の輸出は 100 万トンを下回ったが，その後回復し，2002 年には 150 万トン以上と過去最大を記録した。② 輸入は一貫して輸出を上回っていたが 2002 年以降逆転した。③ 古紙輸出は 1990 年末以降急増し，2001 年以降輸入を凌駕した。

日本の紙・板紙および古紙輸出（HS4707）の急増はいずれも中国向けによるものである（第 10 - 13 (2) 表）。以下これを分析する。① 1995 年から 2006 年にかけて，日本の古紙輸出額は 890 万ドルから 4 億 6400 万ドルに急増した。② 上位 10 位はインドを除き全て東アジア諸国で，その合計シェアは 99.9%である。つまり日本の古紙輸出先は全量東アジアであるということである。③ 最大の輸出先は中国で，総輸出の 81.1%を占める（2006 年）。2006 年の日本の古紙輸出量は約 390 万トンで，2000 年に比べ 10 倍である。このうち 8 割が中国

第 10 - 13 (1) 表　日本の紙・板紙および古紙貿易

(単位：1000 トン)

	紙・板紙		古　紙	
	輸出	輸入	輸出	輸入
1990	904	1,035	22	634
1991	1,044	1,079	3	851
1992	1,053	1,049	36	444
1993	797	1,090	46	417
1994	873	1,182	73	404
1995	912	1,275	42	479
1996	718	1,585	21	431
1997	975	1,362	312	362
1998	1,117	1,232	561	294
1999	1,415	1,169	288	300
2000	1,432	1,470	372	278
2001	1,290	1,583	1,466	214
2002	1,578	1,517	1,897	144

(出所)　日本貿易月報。

第10-13(2)表　日本の古紙輸出

(単位:100万ドル)

順位	輸出先	1995	1996	1997	1998	1999	2000	2001	2002	2003	2004
	世界	8.9	2.8	21.9	31.6	21.5	48.1	97.6	153.4	219.8	325.0
1	中国	3.5	0.6	1.9	2.0	1.2	6.9	42.5	76.2	110.4	220.5
2	タイ	0.0	0.0	0.0	5.7	8.0	15.4	20.6	26.3	53.4	40.8
3	台湾	1.9	0.5	12.7	10.3	6.9	14.3	13.3	25.1	31.7	26.8
4	韓国	3.1	1.7	4.7	8.9	3.7	6.3	7.3	6.0	7.1	16.0
5	フィリピン	0.1	0.0	0.3	0.9	1.6	2.5	5.9	7.1	7.6	9.5
6	ベトナム	0.0	0.0	0.0	0.0	0.0	0.6	1.7	4.2	4.1	7.4
7	インドネシア	0.2	0.0	1.9	2.2	0.0	1.5	5.0	6.2	4.2	3.0
8	香港	0.1	0.0	0.0	1.0	0.0	0.3	0.5	0.7	0.9	0.6

(注)　順位は2004年時点。
(出所)　World Trade Atlas. 以下同じ。

向けである。中国の古紙回収率は3割で，7割ある日本の半分以下であるという[16]。④ 日本の古紙輸入額は1995年の1.569億ドルから一貫して低下し，2005年には2700万ドルとなった。輸入規模は輸出の16分の1（6%）である。⑤ 最大の輸入先は一貫して米国であり，総輸入に占める割合は51.8%である。第2位はメキシコであるが，その輸入額はわずか100万ドルである（いずれも2005年）。

(3)　古紙の世界貿易

世界の古紙貿易（HS4707）は第10-13(3)表および第10-13(4)表でみるとおりで，同表から以下の特徴と変化があげられる。

① 世界の古紙輸出は増加の一途を辿っている。1997年に比べ2005年には2.8倍以上となった。② 2005年輸出規模が1000万ドル以上の国数は29カ国で，累積シェアは97.2%である。③ 上位29カ国に入っている東アジア諸国は日本，香港およびシンガポールの3カ国のみで（合計シェアは12.9%），他はほとんど全て欧米諸国である。③ 最大の輸出国は米国で，世界総輸出の35.4%を占める（2005年）。一方世界の輸入についての特徴は次の通り。① 世界の古紙輸入規模は2001年に27.22億ドルまで低下したが，その後上昇に転じ2005年には51.91億ドルとなった（世界の輸出規模とかなり異なるのは，データが報告ベースで輸出入の国数が違うためである。調整ベースとはCIFベースをFOBにしたものである）。② 輸入規模が1000万ドル以上の上位30カ国

第10章 再生資源の世界貿易　173

第10-13(3)表　古紙の世界輸出

(単位：100万ドル)

順位	国名	輸出額ベースの輸出額計						
		1999	2000	2001	2002	2003	2004	2005
	世界	1,897.0	2,999.5	2,150.1	2,693.4	3,577.7	4,351.6	4,868.7
1	米国	853.1	1,236.7	888.9	1,081.9	1,372.8	1,516.2	1,723.9
2	英国	64.5	104.3	107.5	146.7	281.4	427.3	505.2
3	日本	21.5	48.1	97.6	153.4	219.8	325.0	436.1
4	オランダ	135.2	211.8	143.2	191.2	269.3	316.8	309.7
5	ドイツ	206.6	404.0	230.8	282.9	323.4	362.0	306.1
6	ベルギー	103.4	195.4	112.8	147.5	180.3	228.1	238.9
7	フランス	86.7	122.2	76.8	95.5	136.2	176.3	200.6
8	カナダ	70.0	103.1	55.5	71.7	84.4	121.3	134.7
9	香港	43.7	77.3	63.5	56.3	71.4	89.9	107.4
10	豪州	18.5	27.7	24.6	25.3	35.2	50.9	94.9
11	シンガポール	30.3	44.9	37.0	26.7	73.9	81.4	84.5
12	イタリー	11.4	28.3	23.0	43.7	65.2	72.9	82.3
13	スペイン	11.2	26.9	17.1	20.8	22.2	43.6	57.9
14	アイルランド	6.0	9.1	7.8	12.9	19.8	41.3	55.7
15	デンマーク	22.5	46.0	32.2	40.5	48.8	54.5	53.9
16	スイス	14.4	31.4	21.6	27.4	32.0	38.5	44.5
17	スウェーデン	25.6	30.2	21.2	30.6	30.3	34.6	33.1
18	ポーランド	1.7	3.5	3.3	6.8	14.6	22.9	30.5
19	オーストリア	11.5	21.3	16.8	23.4	26.8	28.3	29.9
20	ポルトガル	7.0	16.5	10.1	14.8	17.3	19.1	27.5
21	アラブ首長国連邦	9.7	16.7	11.4	19.0	25.6	25.8	27.1
22	ノルウェイ	15.4	20.8	13.1	12.1	14.3	21.5	25.8
23	メキシコ	37.2	37.8	27.5	25.8	24.2	24.9	25.2
24	フィンランド	14.5	19.6	19.0	24.8	19.3	22.1	24.7
25	ニュージーランド	9.7	13.6	11.6	10.2	17.9	20.7	24.4
26	チェコ	4.2	7.2	6.9	11.4	13.5	19.3	19.9
27	ロシア	1.4	6.3	3.2	5.4	9.7	10.5	16.0
28	ギリシャ	3.5	6.0	3.4	6.0	8.7	10.9	13.5
29	サウジアラビア	11.0	12.5	6.7	9.3	13.6	13.9	12.2

の累積シェアは96.4％となる。③上位30カ国のうち，東アジアは日本を含め10カ国が入っており，その合計シェアは57.8％である。④最大の輸入国は中国で，世界全体の42.6％も占める。⑤日本の輸入シェアは0.2％である。

世界最大の古紙輸入国である中国の輸入の特徴として，次のような点が挙げられる（第10-13(5)表）。①2000年以降輸入が急増している。2004年には

第10-13(4)表　古紙の世界輸入

(単位：100万ドル)

順位	国名	1999	2000	2001	2002	2003	2004	2005
	世界	2,206.0	3,654.5	2,731.0	3,060.6	3,903.0	4,698.4	5,191.8
1	中国	220.7	501.2	592.7	659.0	1,108.1	1,554.3	2,211.5
2	ドイツ	111.9	184.2	168.6	206.6	288.7	326.0	284.2
3	メキシコ	184.7	254.6	175.0	204.8	213.5	271.3	273.9
4	インド	113.5	112.8	123.4	139.2	184.7	207.5	266.5
5	インドネシア	175.3	361.7	270.8	230.6	249.6	281.8	259.6
6	カナダ	223.7	309.7	187.9	230.3	237.6	280.7	246.5
7	韓国	239.4	323.4	190.1	178.7	198.8	243.0	222.1
8	オランダ	83.3	177.5	95.7	119.2	171.5	203.1	198.5
9	タイ	86.5	139.9	91.0	94.2	136.2	119.9	123.5
10	オーストリア	46.5	95.2	62.7	87.0	98.3	120.9	121.7
11	フランス	71.9	141.1	63.9	94.1	117.8	106.0	111.0
12	イタリー	79.0	129.1	87.8	105.9	103.1	100.7	87.2
13	台湾	85.5	133.8	76.0	93.0	130.1	108.2	84.4
14	ベルギー	34.2	65.3	41.9	51.6	55.2	76.7	73.2
15	スペイン	45.3	78.0	61.1	75.3	88.6	77.9	72.0
16	スウェーデン	40.3	49.6	35.5	55.3	63.8	69.1	68.3
17	米国	60.3	91.1	46.9	54.9	51.1	68.7	67.7
18	スロベニア	15.0	26.6	21.4	27.4	28.6	36.6	35.6
19	フィリピン	36.7	47.6	33.5	30.6	33.0	36.3	28.2
20	マレーシア	22.6	40.0	23.1	25.4	27.8	36.5	24.7
21	チリ	0.0	4.2	3.6	6.7	5.2	20.8	22.1
22	ベトナム	1.9	4.4	8.3	9.9	12.6	18.8	21.6
23	香港	3.2	7.3	6.9	6.6	9.4	12.9	15.7
24	バングラデッシュ	7.5	8.5	10.4	10.8	19.7	17.2	15.3
25	日本	50.4	62.4	36.2	24.1	19.9	14.9	15.0
26	ベネズエラ	21.6	34.3	21.4	15.4	13.6	44.0	15.0
27	コロンビア	4.9	11.3	9.8	12.8	11.6	11.9	14.9
28	ウクライナ	3.8	9.3	5.8	6.5	11.5	12.2	14.9
29	スイス	17.6	27.8	16.9	20.4	24.2	21.9	13.9
30	エルサルバドル	2.5	7.2	6.4	12.0	7.4	9.0	10.1

1995年に比べほぼ15倍となった。②輸入先上位5カ国（1億ドル以上）の合計シェアは83.8%である（2005年）。③最大の輸入先は一貫して米国である。ただし中国の総輸入に占める割合は1995年の61.1%から2005年には47.0%に低下した。以下日本（16.7%），英国（8.5%），オランダ（6.5%）香港（4.9%）と続く。④最大の輸入先である中国に関し，輸出側である米国からみると，2003年からそれ以前の最大の輸出先であったカナダを抜き，中国が最大の輸

第 10 章　再生資源の世界貿易　175

第 10 - 13 (5) 表　中国の古紙の輸入

(単位：100 万ドル)

順位	輸入先	1995	1996	1997	1998	1999	2000	2001	2002	2003	2004	2005
	世界	172.4	192.9	175.2	170.8	245.2	556.9	658.4	732.2	1,231.5	1,726.2	2,456.6
1	米国	105.5	128.0	115.5	120.4	171.1	396.1	433.4	451.0	781.8	919.9	1,154.7
2	日本	2.0	0.7	2.3	3.3	1.2	7.5	46.7	87.3	116.9	252.4	411.5
3	英国	0.0	0.8	0.6	0.0	0.4	0.8	9.2	16.1	44.9	96.7	211.9
4	オランダ	3.3	4.7	4.6	4.1	7.2	20.8	32.9	25.2	47.7	103.9	161.5
5	香港	51.5	49.8	42.8	31.8	43.6	79.7	70.9	67.5	87.3	106.9	122.5
6	ドイツ	1.1	0.5	1.0	3.6	3.9	9.1	26.8	30.5	34.2	67.6	87.1
7	カナダ	1.4	2.1	1.8	0.8	3.1	5.3	5.0	7.8	25.6	34.0	60.5
8	ベルギー	1.7	0.6	2.3	3.4	11.6	26.2	21.4	15.2	22.8	37.0	60.2
9	豪州	2.5	0.3	0.1	0.1	1.0	3.7	5.2	9.9	21.4	40.1	58.3
10	スペイン							0.3	1.2	0.8	8.4	33.6
11	フランス				0.1			2.8	1.8	8.1	16.7	19.6	26.1
12	イタリー							0.8	1.5	3.5	8.3	9.4	18.6
13	アイルランド							0.1		1.1	6.8	11.3
14	ニュージーランド	0.1						0.3	1.5	3.1	4.9	9.6
15	ギリシャ										0.1	7.3
16	韓国	0.2	0.3	0.1	0.2	0.1	0.2	0.3	4.3	11.6	7.6	5.9
17	マカオ	1.9	1.9	1.5	1.1	1.1	1.8	1.9	1.9	2.4	3.1	3.8
18	台湾	0.4	0.2	0.1				0.1	0.1	0.3	1.1	1.8	2.8
19	プエルトリコ										0.1	1.7
20	アラブ首長国連邦								0.1	0.5	1.3	1.4

(注)　空欄は単位未満。

第 10 - 13 (6) 表　米国の古紙輸出

(単位：100 万ドル)

順位	輸出先	1995	1996	1997	1998	1999	2000	2001	2002	2003	2004	2005
	世界	1,563.4	752.1	755.5	777.6	853.1	1,236.7	888.9	1,081.9	1,372.8	1,516.2	1,723.9
1	中国	51.8	45.7	45.1	57.8	70.2	119.6	169.1	212.8	416.8	484.1	693.3
2	カナダ	420.9	156.6	187.7	206.6	223.0	318.5	192.3	236.3	244.2	289.7	254.5
3	メキシコ	233.0	105.0	132.9	135.1	123.0	175.0	107.3	170.0	174.7	193.1	219.6
4	韓国	199.9	103.6	99.2	101.7	139.4	182.3	100.9	113.8	132.4	150.2	132.4
5	インド	21.5	23.9	26.0	38.1	43.6	52.5	59.7	59.3	88.0	78.5	106.8
6	台湾	121.8	61.9	49.4	40.3	32.7	38.3	25.5	32.0	48.6	51.9	51.1
7	タイ	36.7	23.7	20.6	18.5	22.9	41.8	26.1	36.1	41.7	29.3	44.5
8	インドネシア	51.4	20.9	29.4	26.1	37.9	68.8	33.1	43.3	48.2	54.5	41.1
9	イタリー	37.2	16.8	7.6	11.2	22.1	28.8	25.3	30.6	27.7	28.1	22.4
10	フィリピン	46.0	27.7	16.0	14.3	21.2	23.0	16.6	12.7	15.4	14.8	15.6
11	チリ	2.7	0.7	0.5	0.2	0.1	2.1	1.8	4.5	1.6	13.4	14.4
12	日本	98.9	53.2	44.4	37.8	40.8	44.0	27.5	25.9	15.3	12.7	13.6
13	ベネズエラ	64.3	22.6	27.9	19.5	14.9	25.7	14.6	11.2	11.9	16.9	11.6

出先となる（第10-13(6)表）。⑤同様に輸出国として日本からみると，2001年から中国が最大の輸出先となる。⑥廃プラスチックの対中貿易で中継港として，香港の役割が極めて大きかったが，古紙貿易では何らの役割をしていない。つまり米国と日本は中国に直接輸出をしているということである。

香港については次のような特徴がある。①中国の古紙輸入で香港の順位は第3位である。②香港の古紙総輸出のほぼ全量が中国向けである。③香港の古紙総輸入額は1570万ドルで，総輸出（1億740万ドル）の約15％である。これは地場の古紙を輸出しているからである。

3．鉄鋼のスクラップ（HS7204）

①世界の輸入規模は1999年の5977百万ドルから2005年には24080百万ドルに増加した。②最大の輸入地域は東アジアで，世界輸入に占めるシェアは27.4％から31.3％に上昇した。③東アジア（日本を除く）の最大の輸入先は日本（2169百万ドル）で以下米国（2092百万ドル），欧州（773百万ドル）と続き，3者合計で93.3％になる。④東アジアのうち最大の輸入国は1999年では韓国であったが（634百万ドル，中国474百万ドル），2005年には中国になった（3071百万ドル，韓国1701百万ドル）。輸出国からみると次のようになる。⑤世界最大の輸出国は欧州であるが，ほとんどは域内向けであり，東アジア向けシェアは8.2％である。日本の輸出はほぼ全量東アジア向けであり，域内最大の輸出先は中国（1067百万ドル）ついで韓国（829百万ドル）である。米国の東アジア向け輸出シェアは59.4％である（以上いずれも2005年）。

4．アルミのスクラップ（HS7602）

①世界の輸入規模は1999年の3190百万ドルから2005年には6353百万ドルに増加した。②東アジアの輸入シェアは26.8％から38.4％に上昇した。③東アジアの主要輸入先は第1位が米国（1053百万ドル），第2位EU（585百万ドル），第3位東アジア域内（272百万ドル）で，3者の輸入シェア合計は78.1％を占める。④東アジア最大の輸入国は中国で，同地域輸入に占める中国のシェアは1999年の43.1％から63.2％に高まった。中国の最大の輸入先は米国を中心にNAFTA（793百万ドル，うち米国は732百万ドル）以下EUを中

心とする欧州で（464百万ドル），豪州（96百万ドル）と続き，3者合計シェアは87.4%である。⑤一国ベースで米国は最大の輸出国で，最大の輸出先は東アジアで総輸出の77.5%を占める。EUを中心に欧州全体の輸出額は3247百万ドルと米国を大きく上回るが，東アジア向けシェアは19.1%である（いずれも2005年）。

5．銅のスクラップ（HS7404）

①世界の輸入額は1999年の2834百万ドルから2005年には7769百万ドルに増加した。②最大の輸入地域は東アジアで世界輸入に占めるシェアは31.3%から52.7%に上昇した。③東アジア諸国のうち最大の輸入国は中国であり，同地域輸入に占める割合は40.0%（355百万ドル）から72.5%（2971百万ドル）に高まった。④東アジア最大の輸入先は米国で，同地域輸入に占める割合は23.3%から22.6%（NAFTAベースでは27.1%）に低下した。⑤米国の最大の輸出先は東アジアで，総輸出に占める比率は56.4%から84.6%に高まった。

6．ニッケルのスクラップ（HS7503）

①世界輸入額は1999年の172百万ドルから2005年には502百万ドルに増加した。②主要輸入国・地域はEU（25）と米国を中心とするNAFTAで，世界輸入に占めるシェアはそれぞれ50.1%，27.2%（米国18.3%）で，東アジアは20.5%である。3者合計で97.8%である（2005年）。③主要輸入先はいずれも域内である。EU（25）が67.9%，NAFTAが51.0%，東アジアが62.1%である。

7．鉛のスクラップ（HS7802）

①世界輸入額は1999年の73百万ドルから2005年には140百万ドルに増加した。②主要輸入国はEU（25）で世界の50%を占める。第2位はインドで11%，第3位はカナダ8.6%で東アジアは7.8%である。米国の輸入は400万ドル（2.9%）である。

8. 廃電気・電子貿易にみるリサイクル貿易

　中国は世界最大の家電消費大国である。速い経済成長を反映して，所得水準の向上により，1980年代後半からTV，冷蔵庫などが急速に一般家庭に普及しはじめた。この結果，2003年中国全土で廃棄されたTV，洗濯機，冷蔵庫，エアコン，パソコンの主要5製品は合計で2800万台に達したという[17]。これにより中国ではいわゆる電子ゴミが急増している。並行して，世界全体で年間5億トン排出される「電子ゴミ（E-Waste）」のうち約7割が中国に輸入されるという[18]。廃電子・電機はいわゆる希少金属を含み，これを手作業などで取り出している。その結果人体被害が続出はもとより環境を汚染している。中国政府は「電気・電子製品サイクル法」を制定することになっている。

　中国が廃電子・電機を大量に輸入するのは，それらに希少金属が多く含まれているからである。例えばPC1台に含まれる希少金属の種類と量は第10-2表でみたとおりである。その他の家電製品でも鉄，銅をはじめアルミなどを多く含んでいる。

　もっとも有害物質も含まれていることも事実である。それゆえ日本国内では有害物質が含まれる廃電機・電子の日本からの輸出はもとより東アジア域内貿易において廃電機・電子のリサイクル網が求められることになる。

　日本は希少金属であるプラチナ，パラジウムなどが廃マフラーから回収されている。これら希少金属のうち6割が米国やカナダから輸入されているが，残りは廃マフラーから回収されたものである。この分野で最大企業である同和鉱業のプラチナ回収額は年間149億円にも達するという（朝日新聞2005年5月21日付け朝刊）。日本は世界でも有数な希少金属を含む廃棄物処理技術を有している。そのため日本国内でブラウン管TVを処理しパネルガラスとして輸出し，東アジアに進出している日系企業の工場で再利用する。一方，廃パネルを東アジアから輸入し日本国内でインジウムとして再利用するなどを図り，東アジア全体で循環網を構築している[19]。富士ゼロックスは自社製品の複写機やプリンターのリサイクル網をアジア・オセアニア全域で構築を目指す。対象は韓国，インドネシア，マレーシア，フィリピン，シンガポール，香港，豪州，ニュージーランドの9カ国・地域で，処理拠点はタイのバンコクである。年間2万台を予定している。回収された製品は鉄，アルミ，ガラス，樹脂

などに分別し，素材や燃料として 99.8％を資源化する。水銀やカドミウムなど高い処理技術が必要なものは日本の工場に送り処理する[20]。富士ゼロックス・グループは深圳工場で廃棄物を 22 種に分別し，2003 年度に再資源化率を 94.49％にし，2004 年 9 月の 99.5％を経て，2005 年 1 月「廃棄ゼロ」を達成した[21]。

また日本企業はバーゼル条約事務局とアジア諸国（シンガポール，マレーシア，タイ）の協力の下で，これらの国で発生した使用済携帯電話を回収・運搬し，日本で資源回収をする国際ネットワークを構築する動きもある[22]。また日本（環境省）は 2007 年 6 月に閣議決定した「21 世紀環境立国戦略」に基づき，ベトナムをはじめタイ，フィリピン，マレーシア，カンボジアの 5 カ国を対象に，携帯電話や PC を回収し，希少金属のリサイクル網の構築を目指す。こうした日本企業の環境を配慮した内外行動を背景に，2006 年 10 月東京で「アジア 3R 推進会議」が開催された。その狙いは規制対象品のリストを作成するとともに特に E-Waste と呼ばれる使用済みの電気・電子製品の管理システムとリサイクル処理分担やリサイクル網の構築を目指したものである。リサイクルを中心に「循環網」は国内外で構築されている。海外諸国を巻き込んだ「循環網」である。近年世界的な IT 化を反映して電気・電子機器で東アジアを中心にその「循環網」が構築されつつある。

松下・東芝・シャープが 2008 年に米国で家電リサイクルに取組むため共同で出資して（MRM），ミネソタ州で活動を開始した。対象品目は TV やノートパソコンを中心にステレオやプリンターなどである。これに先行して，ソニーが米国で 2007 年 9 月から独自にリサイクル活動を開始している。米国は 2003 年以降州ごとにリサイクル法を定めているが，2005 年の廃家電 190－220 万トンの再利用はわずか 35 万トンでしかないという[23]。

こうした内外の日本企業環境を配慮した行動を背景に，2006 年 10 月東京で「アジア 3R 推進会議」が開催された。その狙いは規制対象品のリストを作成するとともに特に E-Waste と呼ばれる使用済みの電気・電子製品の管理システムとリサイクル処理分担やリサイクル網の構築を目指したものである。

注
1) CO_2 の排出については，青木健『地球温暖化と CO_2 の発生』（国際貿易投資研究所，2007 年 3

月）が詳しく分析している。
2） 産経新聞 2006 年 11 月 27 日付け朝刊。日本の希少金属の埋蔵量は極めて少ない。そこで文部科学省は 2007 年度からインジウムやプラチナなどハイテク産業に不可欠な希少金属の備蓄強化や代替材料研究に乗り出す。インジウムは液晶用透明電極に使用されており，日本の世界全体の 60% を消費する。プラチナは自動車排ガス触媒や燃料電池に使われ，日本は世界全体消費量の 20.8% を占める。日本政府はその他の備蓄強化を目指す希少金属にタングステン（超硬工具，鉄鋼添加剤。世界消費の 12.8%），チタン（航空機のエンジン，熱交換器。世界消費の 29.4%），コバルト（鉄鋼添加剤，2 次電池。世界消費量の 28.3%），モリブデン（鉄鋼添加剤。世界消費の 15.4%），ニッケル（ステンレス鋼。14.0%）など合計 7 種類である。日本が希少金属の備蓄を強化する背景には中国経済の内需拡大により価格が高騰していることや，世界有数の金属生産国である中国がマグネシウム，錫や銅などの輸出規制に動きだしたためである。中国はタングステンの世界生産の 88.3% を占め，日本はタングステンをほぼ全量中国から輸入している。日本のマグネシウム地金の中国からの輸入量は 2 万 8507 トンで，これは総輸入の 95.1% である（いずれも 2004 年）。代替材料研究として，例えば液晶パネルの透明電極をカルシウムの酸化物に代替させる研究が進んでいる。東ソーは ITO（酸化インジウムすず）ターゲット材の代替材料の開発に成功した（読売新聞 2006 年 6 月 18 日付け朝刊，毎日新聞 2006 年 6 月 25 日付け朝刊，日本経済新聞 2006 年 5 月 8 日付け夕刊，同 2006 年 9 月 8 日付け，2006 年 11 月 26 日付け各朝刊など）。
3） 朝日新聞 2005 年 5 月 21 日付け朝刊。
4） 日本経済新聞 2007 年 1 月 9 日付け，毎日新聞 2007 年 3 月 25 日付け各朝刊。
5） 日本経済新聞 2007 年 3 月 31 日付け朝刊。
6） 日本経済新聞 2003 年 4 月 17 日付け夕刊。
7） 朝日新聞 2005 年 5 月 21 日付け，日本経済新聞 2004 年 1 月 18 日付け各朝刊。
8） データは（財）海事産業研究所『日本・アジア／米国のコンテナ定期船荷動き量調査』（平成 15 年）および同財団 HP の資料に依る。同研究所からデータをいただいた。
9） この結果「北米からアジア方面への空コンテナの輸送や空のコンテナが不足するためアジアからの北米向け輸出貨物の輸送需要に円滑に対応という事態」が発生した（運輸省海上交通局編『日本海運の現状』2001 年，15 ページ）。
10） PET ボトルリサイクル推進協議会の統計データ（HP），産経新聞 2006 年 12 月 1 日付け，日本経済新聞 2006 年 10 月 12 日付け，東京新聞 2006 年 5 月 3 日付け各朝刊など。
11） 『エコノミスト』2005 年 2 月 14 日号。
12） 日本経済新聞 2007 年 5 月 12 日付け夕刊。
13） 日本経済新聞 2004 年 8 月 1 日付け，2004 年 8 月 19 日付け朝刊，2005 年 3 月 18 日付け各朝刊。
14） 1996 年 4 月末，米国から「古紙」と称し輸入された廃棄物の中に「使い捨て注射器」，「紙おむつ」，さらに「廃タイヤ」など輸入禁止物が含まれていることが発覚し，このいわゆる「洋ごみ」事件を契機に，全面的禁止措置が採られたことがあった（小島道一編『アジアにおける循環資源貿易』アジア経済研究所，2005 年，73-74 ページ）。
15） 中国の貿易統計では，香港からの輸入のうち香港の再輸出分は香港の輸入先である原産国からの輸入として記録されるので，数字は必ずしも一致しない。なお中国側からみて香港からの輸入規模が香港の輸出に比べて小さいのは，輸入業者の通関価格の過小申告や輸入許可証の偽造もあるという（同上，48 ページ）。日本から輸出された廃コンピュータがいったん香港に陸揚げされた後，フェリー等を使って中国に密輸されるケースもあり（同上，79 ページ），これも廃プラスチックと同様な通関統計上の乖離を引き起こす。
16） 朝日新聞 2007 年 4 月 21 日付け朝刊。
17） 中国の電機電子機器の廃棄台数は TV500 万台，冷蔵庫 400 万台，洗濯機 500 万台，PC500 万

台,携帯電話1000万台,合計2900万台という数字もある(機械システム振興協会『グローバル循環システムに関する調査研究』平成16年3月,7ページ)。またある資料によると,2003年の中国の家電の「廃棄台数」は5596万台である。このうち約6割(3351万台)はTVであり,以下冷蔵庫(976万台),洗濯機(756万台),PC(448万台),エアコン(65万台)と続く。
18) 第1-2表でみたThe Basel Action Network (BAN), Silicon Valley Toxics Coalition (SVTC), *Exporting Harm 2002*の資料はむしろ中国を中心に東アジアのE-Wasteを分析している。
19) 朝日新聞2006年2月8日付け夕刊。
20) 朝日新聞2005年5月21日付け,日本経済新聞2004年1月18日付け各朝刊。
21) 朝日新聞2005年2月13日付け朝刊。
22) 環境省編『環境・循環型社会白書』平成19年版,96ページ。
23) 日本経済新聞2008年1月8日付け朝刊。

(青木　健)

第 11 章

環境と中国の循環経済政策

　日本，中国，韓国などで構成される北東アジアは，人口規模や経済規模において世界の約20%を占めている地域である。特に世界最大の人口規模を擁する中国では，急速な経済発展に伴う公害問題，砂漠化，水資源，エネルギー・資源，地球温暖化など様々な環境問題に直面し，循環経済の構築とその形成に向け，環境政策と制度の整備に着手し環境の取組を進めているが，解決の糸口を十分に見出せずにいるのが現状である。

　このような中で，循環型社会の構築に向けた日本政府の対応は，まず「循環型社会形成推進基本法（2000年）」を制定し，そして廃棄物処理法の改正による廃棄物規制の強化，容器包装リサイクル法をはじめとする各種個別リサイクル法の制度を制定し，3Rイニシアティブ等の取組によって循環型社会の形成に向けた取組を定着させようとしている。

　一方中国では，固形廃棄物環境汚染防止法，清潔生産法を核とした法制度を整備し，中国全国人民代表大会（2006年3月開催）において「第11次5カ年計画（以下「十一・五計画」という）」を承認し，資源節約と環境保護に関する循環経済の実現に向けた環境政策・制度の推進を国家の基本政策と位置づけている。そして循環経済を推進するための国家の基本法の制定，環境政策の整備を段階的に進め，省エネ・資源節約型の循環経済の実現に向けた取組を展開し始めている。

　本章では，日本国環境省の「3Rイニシアティブ特別研究プロジェクト（2006～2008年）」で実施中の研究成果を踏まえ，研究対象とした中国・青島市の循環経済の実現に向けた政策・制度の構築の取組について考察する。

第1節　中国の環境政策の動向

現在中国では，循環経済の実現に向けた環境政策が国家政策の中核的な位置を占めつつある。本政策は，中国の「小康社会（ややゆとりのある暮らし向き）」の建設に向けた経済の安定成長と，その阻害要因となる恐れのある資源およびエネルギーの制約，そして環境への制約を克服することに重点を置いた経済発展と環境保全の両面の解決を同時に図るための政策で，経済発展および経済成長に軸をおいた基本政策という特色を持ち，しかもトップダウンによる方針決定によって国内に導入された政策である。このような中央政府主導で，かつ理念先行型の環境政策を，実際に地方都市等で定着させていくためには，地方都市で生産活動を営む企業・事業所，生活者である市民等が直面する環境問題に対し，その取組の必要性を認識し，政府・企業・市民等が一つの方向に向け共有認識に基づいた行動転換を地域レベルで着実に進めていくことが重要となる。上記の観点から循環経済の実現に向け不可欠な要素である廃棄物・資源管理能力の向上に関する取組についてみていく。

1．循環経済の実現に向けた政策の実施

中国では資源とエネルギーの有効活用を図り，経済成長を継続するという循環経済の構築への取組が大きな政策課題となっている。中国における循環経済とは，資源消費量と汚染物質排出量が高く，効率が低い従来の経済成長モデルを改変させ，資源・環境と経済発展の両立を図って複合型の環境汚染問題を解決し，小康社会の実現と工業化の新しい道を開くことを目指すものである，と定義づけられている[1]。一方，日本などの先進国では，まず消費領域の生活ゴミや廃棄物問題の解決の取組に軸を置き，その後，生産段階における廃棄物の発生抑制，購買・消費，リサイクル，適正廃棄等における物質循環の流れへと拡大した経緯がある。しかし中国の循環経済は，日本やドイツ等の廃棄物・資源問題を中心とする政策をモデルとしている一方，① 資源・エネルギー問題と環境問題全体の解決，② 環境保全と経済発展，という両方の課題を同時

に克服し実現させようとする政策であるという点では，先進国の取組とは状況が異なる。

次に中国政府が進める循環経済の取組では，廃棄物政策の中心的な枠組みとなる法律は固形廃棄物法である。最近の動きの中では，国務院が「循環経済のモデル事業の発展加速に関する通知」(2005年)を発表し，重点業種，重点分野，産業団地，省・市におけるモデル事業を具体的に実施する企業，省，都市をモデル事業として指定し，循環経済の構築に向けた試行実験を展開している。特定の地域で試行事業を展開し，そこから得られた結果と成果を踏まえ，他地域へと展開させる手法が採られている。このような循環経済の実現に向けた政策を新たに導入するための舵取りの手法に特徴がある。

2．小康社会の実現に向けた取組

中国政府は，循環経済の促進に関する基本法として「資源再生利用法(仮称)」の策定を進めている。同法律を整備する狙いは，環境汚染防止の観点から環境の規制を重視するのではなく，リサイクル産業など静脈産業の育成という観点で取組を推進している点が特徴である。しかしながら，実際には循環経済の政策理念と，これまでの中国の伝統的な環境政策や環境保護の理念との間には差異が生じており，循環経済の実現に向けた政策や制度が社会的ニーズや現実に追いついていないという実態がみられる。

一方中国政府が循環経済の構築に向けて積極的に取り組む背景には，中国では環境汚染と資源不足が経済社会を発展させるための最大の障害となってくるとの認識があるからであろう。しかも今日の急速な経済成長に伴い，大気汚染，水質汚濁等の深刻な公害問題の解決は全国各地で緊急の課題となっている上に，地球温暖化，黄砂，砂漠化等の地球環境問題の発生量と発生箇所は，さらに拡大の一途を辿っている。したがって中国は，経済発展に伴いこれらの地球規模の環境問題解決と関連する循環経済の構築に向けた責任ある取組を，国際社会の中で強く求められるようになったという背景もある。

このような社会的背景に加え，中国の国家目標である持続発展的な経済成長と小康社会を実現させるために，① 経済成長を維持・継続していくために資源・エネルギー利用効率の改善を図り，基盤となる資源・エネルギーを確保す

る，② 経済発展と環境保全を同時に解決・達成する，③ 国際貿易の観点からみて循環経済の理念に立脚した体制を早期に構築し，国際貿易の安定化を図ることは現在の中国にとって必要不可欠な要素である。

第2節 青島市の現状

　国家レベルで「環境友好型資源循環経済」のスローガンを打ち出したことに呼応し，青島市では2002年から5年計画で循環経済に関する研究および取組を開始し，中国国内で循環経済発展の先頭に立つ模範都市に位置づけられている。市政府は循環経済の政策実施に関して法整備，法令遵守，ハイテク産業育成，さらに市民参加の4点を重要な政策要素として掲げ，環境保護局を中心に循環経済の実現に向け段階的に取組を進めている。具体的には，① 循環経済の理論研究，および外国との協力関係の構築（2002年），② 循環経済の実施計画の策定およびモデル事業の実施（2003年），③ モデル事業の実施成果の総括（2004年），④ 計画の編成に着手し，実施経験の普及（2005年）を進め，2006年以降は青島市の衛星市の胶南市に「青島国際環境保全産業園（工業団地）」を建設し，静脈産業を国外から誘致・集積させる取組を開始した。そして一般市民等を巻き込む「公衆参加」の取組は，城陽区で試験的に実施するなど，循環経済の実現に向けた試行段階に入っている[2]。
　本節では，青島市の概要，「十一・五計画」の実行性および循環経済の発展に向けた青島市の取組事例を考察する。

1. 青島市の概要

　青島市の2005年の人口は740.9万人（人口密度695人／km^2）で，市区部11.02万haに265.4万人（同2290人／km^2）が居住する[3]。青島市は市区部の7区（市南，市北，四方，李滄，城陽，黄島，嶗山）と衛星市5市（胶州，即墨，平度，胶南，菜西）で構成され，青島市の中心に位置する市南区，市北区，四方区の人口密度は1万人／km^{2}を超え高層住宅が立ち並ぶ。そして2006年度の人口は749.4万人（人口密度703.4人／km^2）に達し，うち市区部

271万人(同2459人／km²),衛星市478万人と市区部の増加が顕著である[4]。

経済状況については,青島市のGDPは3206.6億元(2006年,1元15円程度)で,前年比15.7%増と伸びた。1人当りのGDPは,約3万3188元と高成長を維持している。第一次産業が年をおって下降する中で,第二次産業は1678億元(前年比17.2%増),第三次産業1346億元(同16.2%増)となり,特に第二次産業は高い伸びを示した。輸出入総額は365.6億ドル,うち輸出額は216.5億米ドル(同23.1%増),輸入149.1億米ドル(同15.9%増)と第二次産業関連の輸出は増大した[5]。

青島市の高成長は,第1に全国ブランドおよび世界ブランドの企業が成長拡大したこと,第2に2008年に開催される「北京オリンピック(青島市はヨットの開催地)」を前に都市整備等の公共投資が進展したこと,第3に所得拡大に伴う個人消費の伸びが高成長の牽引役となったことがその要因として挙げられる。特に個人消費の指標となる「社会消費品」の小売総額(2006年)は

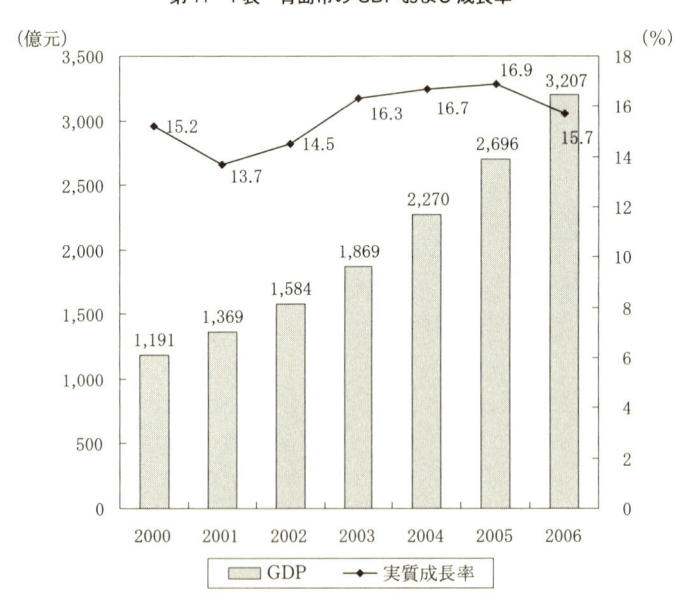

第11−1表 青島市のGDPおよび成長率

年	GDP(億元)	実質成長率(%)
2000	1,191	15.2
2001	1,369	13.7
2002	1,584	14.5
2003	1,869	16.3
2004	2,270	16.7
2005	2,696	16.9
2006	3,207	15.7

(出所) 青島市2006統計年鑑,JETRO資料より作成。

1007億元で，前年比15.7％増の伸びを示した。うち都市部の小売総額は785億元（同17.5％増），農村部222億元（同12.2％増）で都市部の伸びは顕著である。そして都市住民の可処分所得は1万5328元（前年比18.6％増），1人あたりの消費性支出は1万1945元（同20.9％増）で，この伸びが衣料品や家電製品等の耐久消費財の売れ行きを底上げしているほか，飲食店利用者の増加にもつながっている。一方，都市部に比べ，青島市の衛星市や農村部で暮す農民1人あたりの消費性支出は4203元（前年比12.5％）で，農村部と都市部との所得格差は拡大傾向にある。

2．「十一・五計画」における青島市の取組

2006年，青島市人民委員会・青島市政府は，「循環経済の発展に関する意見」（青政発（2006）5号）を公表し，循環経済に向けた具体的な目標を明らかに示すとともに，「省エネ」をキーワードとした取組を明確にした。意見書で提案された「都市部における資源再生利用システムの完備」は，ゴミの減量化と資源化の利用ついて具体的な取組を明記した点が特徴である。その内容は，①都市部と農村部においてゴミの分別回収と集中処分の実施，②大型ゴミを分別するセンターの建設，③分別・回収された生活ゴミを分類し，指定された総合利用を図れる企業への転送，④有機ゴミを直接堆肥工場へ送り，無害化処理後に有機肥料等を生産，⑤ゴミの埋立により発生したメタンガス等の回収とエネルギー利用である。このようにして生活ゴミ，一般工業廃棄物，危険工業廃棄物を適切に分別・処理し，再生資源の回収利用と省エネ促進を明確にしたことである。

青島市人民政府弁公室は，2006年に「短期における青島市の循環経済の取組と重点作業の責任分担に関する資料」（青政弁発（2006）76号）を公表し，循環経済の実現に向けた重点的な取組を21項目示し，その責任機関を明確に定めた循環経済の発展ガイドラインを示した。このガイドラインでは，2006年9月末までに各責任機関は具体的で実行可能な実施計画の作成と，その提出を義務付け，進捗状況は随時監督・検査される体制が採られている。このような強い体制が採られた背景には，循環経済の実現に真剣に取組むという青島市政府の意向が反映されたものとみることができる。

青島市環境保護局では,「十一・五計画」の目標を達成させるために法規・政策体系の見直し,および修正や新たな法制度の構築を掲げた。具体的には2007年に,「青島市資源総合利用に関する若干の規定」と「青島市資源節約条例」等の循環経済に関連する法規を青島市の人民代表大会による立法調査研究計画に取り入れることとし,これらを「十一・五計画」の期間中に,①青島市における循環経済の発展促進条例,②青島市再生資源回収利用条例,③青島市建築省エネルギー管理条例の地方法規を策定し,法の執行,監督システム構築とその健全化を図ることを目標としたのである。しかしながら,現段階における青島市の循環経済の取組状況は,「青島市十一・五科学技術発展計画」や「静脈産業生態工業園区の評価基準」等の作成,および「新天地静脈産業生態工業園建設計画」を実施する上での開始段階にあり,環境関連の政策実効性を高めるソフト面よりも,静脈産業等の施設など,ハード面の建設・整備に力点が置かれている。

第11-2表　青島市における循環経済研究と実践活動

年　月	研究と実践活動
2005年6月	青島市十一・五科学技術発展計画－生態,環境と循環経済
7月	青島市資源節約型技術モデル都市実施プラン
9月	青島市城阳区における循環経済モデル区作り計画
10月	静脈産業生態工業園区の評価基準
〃	新天地静脈産業生態工業園建設計画
10月開始	青島市北胶州湾生態工業園計画

(出所)　王軍 (2006)「循環経済の理論研究と青島市の実践」より引用。

3. 政策を発展させる上での問題点と利点

青島市は港湾,海洋,観光という地理的優位性に加え,主力産業として電子家電,石油化学工業,自動車・造船,新素材という「4大工業基地(第11-3表)」の発展・拡大による国内における経済的優位性を持つなどの好条件に牽引される形で,内外の先進的な企業の誘致活動を進めている。青島市が目指す循環経済の発展は,環境政策の実施による環境改善という側面がある一方で,静脈産業の建設と資源・エネルギーの効率利用という課題があり,後者を優先させる方針がより強く打ち出されている。

青島市が循環経済を実現させる上での問題点について,青島市環境保護局総

第11-3表　青島市政府が目指す経済発展像

3大特色経済	港湾経済，旅遊経済，海洋経済
4大工業基地	電子家電，石油化学工業，自動車・機関車・造船，新素材
6大産業集積	家電，電子情報，石油化学，自動車，造船，港湾
5大地域センター	運航，物流，サービス，金融，ハイテク

　工程師の王軍氏は，① 環境政策・環境法規の整備がまだ不十分である上に，政策を実施する際に必要な資金が十分ではない，② 青島市の伝統的な産業である紡績業，食品製造・煙草加工業，化学工業と機械工業などから出される産業廃棄物による環境破壊が深刻である，③ 伝統的な産業が占める比率が高く，産業構造の変革が遅れている，④ 市場は規範的ではなく，それを監督するメカニズムも不完全な状態である，⑤ 循環経済を実現するために協力し合う能力が不十分で発展の持続性に欠けている，と現状の問題点を指摘している[6]。

　現在の青島市において，循環経済の取組はまだ始まったばかりであるといえる。今後，循環経済を進める上で生産段階から，消費，廃棄，リサイクルに至る物質循環の流れの中で環境負荷を軽減し，適正な資源循環，エネルギー効率を高めるためには，企業や市民の自発的な取組に依存する点は多く，市政府と企業・市民間の情報交換や協力体制の構築は循環経済に向けて環境政策を発展させる上で取組むべき優先課題である。

　いずれにしても複数の問題点と課題を乗り越えなくてならないとしても，青島市は循環経済の取組を推進する上で，国内の他の都市と比べて有利な条件は数多くある。その利点とは，① 経済は安定的に成長している（副省レベルの都市の中で第5位に位置づけられている），② 産業分野では，ハイアール（海爾），ハイセンス（海信），オクマの中国三大大手家電メーカーに代表される大手企業グループが牽引役を果たし，企業の製品ブランド効果は大きい，③ 都市の発展状況は，国家環境保護モデル都市，持続可能な都市に選ばれるほど環境に配慮した都市の印象が定着している，④ 2008年のオリンピック開催に向け，一般市民の間でも環境意識は高まっていることなどである。このように青島市には，環境政策を進めていく上で追い風となる要因がいくつもみられる。

第3節　循環経済の実現に向けた取組〔廃棄物問題〕

　工業固形廃棄物処理について青島市政府は，工業固形廃棄物の総合利用率は97.3％に達し，生活ゴミは全てゴミ処理場に送られ，安全且つ衛生的に埋め立てられ，無害化処理率は100％であると公表している。2004年10月の統計では，市内のゴミの分類収集率は16.4％であったが，2008年までに50％にまで高めるために，企業や事業機関から出るゴミを「危険工業廃棄物」「一般工業廃棄物」「生活ゴミ」に分類し，処理を始めている（第11-1図）。

　本節では，企業や事業所から出る工業固形廃棄物処理に関する青島市の循環経済の取組を詳しくみていく。

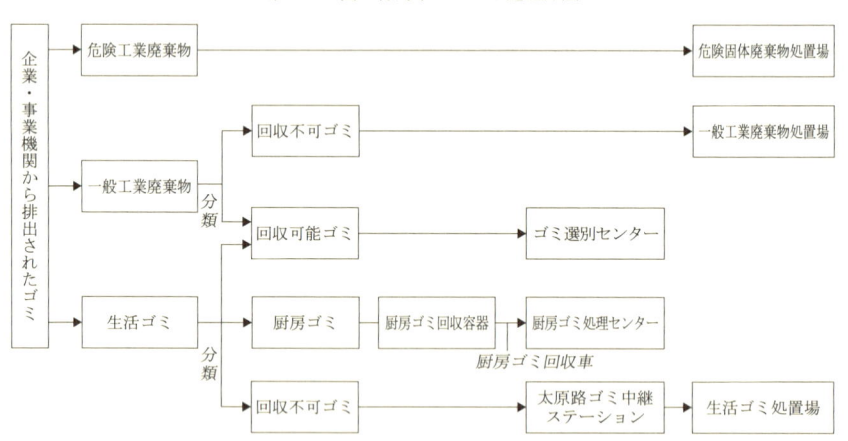

第11-1図　青島市のゴミの処理方法

（出所）　青島市市政公用局 http://www.qdmu.gov.cn よりダウンロードし筆者作成。

1．資源の有効利用の促進

　青島市では，大手家電メーカーのハイアール，ハイセンス，オクマが立地していることから廃家電対策に取組むモデル事業や再生可能な資源の有効利用を図る取組を展開している。

第1に，廃棄家電の「分解・処理センター」および「危険廃棄物処理センター」の建設と危険廃棄物と医療廃棄物の適正処理を行うためのプロジェクト事業である。具体的には，菜西市郊外に建設中の「新天地静脈産業類生態工業園」の敷地内に「危険廃棄物処理センター」を2.01億元で建設し，国の「固体廃棄物処理法」に則った，危険（医療）固体廃棄物（47品目・5000種類），医療系固体廃棄物の焼却，資源化プロセス，残渣の埋立を行う計画が進行している。危険廃棄物処理センターにおける第1期計画では，年間の危険廃棄物5.5万トン（第2期では20万トン／年）の処理能力を確保した施設で，現在は年間1.2万トン程度の廃棄物の処理が行なわれている。

第2に，冶金，電力，化工，建材，紡績，皮革などの業界における資源・エネルギーの効率利用を図るための事業を推進している。具体的には，海水熱源，風力，太陽光エネルギー，再生水等の再生可能なエネルギーの開発と資源の有効利用である。

2006年以降，青島市政府は，エネルギー消費量の多い企業を対象に省エネ達成目標とその評価を実施している。具体的には，年間に5000トン以上1万トン未満の石炭（それに相当するエネルギー使用）を使用する企業は各市・区の指導を受ける。さらに1万トン以上の石炭（エネルギー相当）を使用する企業は市の発展改革委員会の指導を受けることになる。青島市内の企業の中で現在1万トン以上のエネルギーを使用する企業は110社（2005年の統計），市全体のエネルギー使用料の42.3％を占めている。これらの企業に対し，2010年までの達成目標を「1GDP当りエネルギー使用量を2005年より22％削減」とした上で，省エネと再生可能なエネルギー利用の促進を重要課題とした。さらに省エネだけではなく，「節水」も対象としている。このような省エネと再生可能なエネルギーの利用を促進させる取組ではあるものの，環境改善の目的よりも経済・産業の効率性を高める狙いの方を重視している。

2．廃家電および電子製品回収処理試行暫定弁法

2006年5月28日，青島市発展改革委員会等は，「廃家電および電子製品回収処理試行暫定弁法（地方政府規章）」を公表し，青島市内における廃棄家電等のリサイクル等に係る活動を明確にした。これらの計画は2003年12月に国

家発展改革委員会は浙江省および青島市に対し，国内で急激に増加する廃棄家電製品および廃棄電子製品を回収・処理するための新たなリサイクル事業を展開することを承認したものである。

　廃家電および電子製品回収処理試行暫定弁法（以下，暫定弁法という）では，① 規制対象製品の特定，② 対象事業者および責任の明確化，③ 試行企業の特定と収集処分状況の報告等を義務づけた。暫定弁法の規制対象製品は，廃棄テレビ，廃棄冷蔵庫，廃棄洗濯機，廃棄エアコン，廃棄パソコン，および国の関係部門がそれぞれ適宜公布する廃家電収集処分製品リスト内の製品となっている。そして青島市で指定された廃家電集中的収集処分の試行企業は，廃家電の収集，再利用，無害化を担当する。

　暫定弁法によって規定された「対象事業者および責任」は，① 試行企業は合理的配置，販売やサービスの向上，収集を秩序立てるという原則に基づき，市全体をカバーする収集拠点網を設け，規範化された廃家電収集システムを形成する，② 企業が危険廃棄物の処理を行う際，法に基づいて危険廃棄物経営許可証を取得しなければならない。危険廃棄物経営許可証を取得していない場合は，関係規定に基づき，発生する危険廃棄物経営許可証を有する企業に渡して無害化処理を依頼する，③ 試行企業は廃家電収集処分台帳登記およびインボイス制度を確立・整備しなければならない。また，四半期毎に青島市の金属収集事務所に収集処分状況を報告し，政府の関係部局の監督と検査を受けなければならないとしている。

　現在，青島市では年間約60万台余りの廃家電が発生しているとの見方もあり，そのうち正規ルートで処分されるものは3分の1に満たないという。これらの廃家電の無害化処理と再利用のための収集業務に関する国内ルールは十分に確立されておらず，収集ルートも未整備であることから，現在は勝手に収集，改装，解体，抽出している状況となっており，適正法の実行がなされなければ，循環経済の短期間での実現は難しい状況といわざるを得ない。

3．廃棄物処理管理施設の建設に関する取組

　青島市中心から北方60kmに位置する青島市の衛星市の菜西市郊外に「新天地静脈産業類生態工業園（青島新天地固体廃棄総合処理有限公司が経営）」

が建設・稼動中である（第11-2図）。生態工業園の敷地面積は220haで，固体廃棄物の無害化，資源化処理と汚染土壌の修復を中心に20社余りの資源循環に関連する企業が入居している。そして，生態工業園は循環経済の国家級のモデルプラントの指定を受け，青島市の企画・計画に基づき中国国家環境保護総局（SEPA），国家発展改革委員会（NDRC）による政府主導型での建設が進められている。実際の建設費を捻出したのは，フランスのVeolia Environmentグループの「威立雅環境服務公司」で，威立雅環境服務公司と「青島新

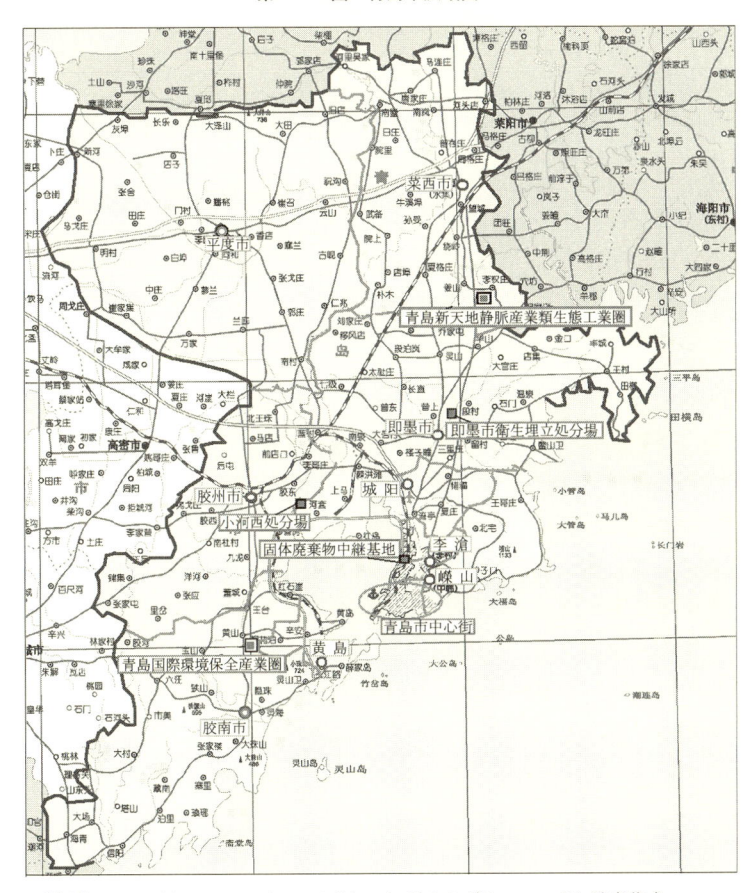

第11-2図　青島市広域図

（資料）　http://www.topqd.com/pj/mqd.gif よりダウンロードし筆者作成。

天地投資有限公司(青島市)」が戦略的提携協定を交わし,両社は全国初となる廃棄物回収・再利用を実施する静脈産業拠点の建設で合意し,威立雅環境服務公司は20億元を投資した。両社は合弁会社「威立雅新天地環境服務(青島)有限公司」を設立し,園内に危険廃棄物処理センター,家電・電子製品回収場,一般工業固体廃棄物埋立場,医療廃棄物焼却場の4つの事業を展開する。このうち医療廃棄物焼却場の投資総額は1750万元で,設計容量は1日24トンの能力をもつ。ここでは青島市内320箇所の病院から廃棄された医療系廃棄物を日量10トン程度処分している。このほか園内には,研究エリア,生産エリア,実験エリア,サービスエリアの4つの中核エリアを設置し[7],家電リサイクルに続き,廃自動車分解工場,ケーブル,蛍光灯,プラスチック,ゴム等の総合リサイクル拠点とする計画が進められている。

4．生活ゴミ回収の取組

青島市には生活ゴミの埋立て処理場が6箇所あり,市内7区に1箇所,5つの衛星市に各1箇所の処分場が設置されている。青島市では生活ゴミの100%を無害処理し埋め立てるか,他の資源化の処理方法を導入し処理する計画を促進している。

急速な経済発展に伴い増加している生活ゴミの削減と資源化,安全で衛生的な処理を行う目的から「埋立処分場評価制度」と「ゴミ処理費の徴収」の導入を実施している点が特筆すべき取組である。

埋立処分場評価制度は,2006年から実施しており,青島市の公共事業局が市の5箇所の埋立処理場について採点を実施する制度である。同年の評価結果は,小澗西処分場98.8点,即墨処分場95.6点,膠州処分場94点,莱西処分場93.8点,平度処分場81.6点の結果となり,平度を除き,青島市の埋立処分場は「国家Ⅰ級基準」を満たすとの評価結果を公表している。

ゴミ処理費の徴収は,2006年7月から生活ゴミを対象に開始され,青島市内の4つの中心区の居住者や飲食店に対し,居住者は1戸当り6元,飲食店は営業面積1m^2当り3元,役所や一般企業は1人当たり3元,建設ゴミは3元/m^3を一律に徴収している。ゴミ処理費の徴収総額は,現時点(2006年10月)で年7000万元であるが,実際に掛かる処理費用は年間9000万元程度であり,

収支は年間にして2000万元程度の赤字である。この差額分の赤字は市税から補填する形をとっており，年々増加するゴミ問題に対し，それを回収・適正処分するための最も重要な取組を展開している最中である。

これらの取組は一般市民に環境問題への意識を高めさせる契機となるであろうし，環境問題に対する「公衆参加」という意識を段階的に高めていく上で有効な手段となるであろう。次に循環経済への公衆参加型の具体的な活動について取り上げてみたい。

青島市では，2005年7月に「青島市城阳区における循環経済モデル区計画」を作成し，中国国内でもいち早く「公衆参加型の実践活動」の方針を決定し実践している。この取組は，韓国人住宅団地内（500世帯，1500人対象）に有機系廃棄物の小規模なコンポストを設置し，生活ゴミを中心に肥料化するという小規模の取組である。実際に導入された生ゴミ処理機の能力は日量400kgと少なく，生成された肥料を団地内の緑化に活用するという規模である。団地内でのコンポスト化の取組は，青島市と交流が深い韓国・釜山広域市において，すでに市内全家庭で生ゴミ回収・コンポスト化が定着し成功を収めた成功モデルがある。したがって，青島市においても同モデルの導入の可能性を試行的に導入したものであろう。

5．固体廃棄物中継基地の取組

青島市四方区に立地する太原路の固体廃棄物中継基地は，青島市の旧市街地の4区（市南区，市北区，四方区，李滄区）と嶗山区から発生する生活ゴミ（分別なし）を対象に圧縮処理を行い，密閉の状態で40km離れた小澗西処理場に運ばれる。日処理能力は3500トンである。

青島市では，ゴミ処理事業は民営化によって実施され，ゴミ処理方式については市の条例で決定される。ゴミ処理方法は，「ゴミ収集＞圧縮（中間処理）＞埋立」の順である。ゴミの処理状況は，5～6トンのゴミ収集車が560台稼動し，回収場所から中継基地へ運搬し，4台あるコンプレッサーで圧縮・減容化する。ここでの1日の取扱量は，平均2200～2500トン（人口約200万人分）で，水分量を15～20％程度を減量した状態にする。圧縮後は30トン車で最終処分場に搬出するが，ゴミの量が多い場合には2倍の60トン程度まで積

載することもあるという。

6．2箇所の最終処分場の現状と実態
(1) 小涧西処分場

　青島市城陽区に建設された小涧西処分場は，青島市旧市街地4区と嵘山区，城陽区の全6区の生ゴミを埋立処分する場所である。処分場の規模は，敷地560m×480mの平地の処分場で，中間処理場から運び込まれた「ゴミ」を高さ44mまでかさ上げし，植林して公園にする計画で進められている。この処理場はドイツの高密度ポリエチレン（HDPE）技術を採用し，処理した汚水は中国の国家Ⅱ級基準を満たす。処理場内の肥料施設は一日に300トンのゴミを処理し，70トンの肥料を生産できる。

　小涧西処分場は2002年5月から埋立を開始し，2006年10月現在では1日の埋立量は2500トン程度となっている。当初計画では27年後に埋立は完了する計画であったが，ゴミの搬入量に関する今後の予測および累計量の予測（第11-4表）どおりの推移を辿るとは考えられず，現在のスピードで埋立処分される限り，早期に満杯に達するであろう。しかも衛生面は，ゴミの悪臭が強く，粉塵，ハエの発生がみられるなど，ゴミの無害化処理率の低い嵘山区と城陽区でのゴミ処理方法には問題点が多い。

第11-4表　埋立所分量の予測データ

年度	搬入量（トン）	累計量（トン）
2007	730,000	3,857,700
2008	730,000	4,587,700
2009	730,000	5,317,700
2010	730,000	6,047,700
2011	730,000	6,777,700
2012	730,000	7,507,700
2013	730,000	8,237,700
2014	697,500	8,935,200

（資料）　現地資料より筆者作成。

(2) 即墨市霊山埋立処分場

　即墨市に建設された霊山埋立処分場は，即墨市中心部から約20km（車で20分）程度にある市外の畑地の中に建設された。対象地域は，即墨市の人口109

万人のうち半分程度の50万人が対象である。

建設時期は2001年で、使用計画は25年程度である。計画段階での検討では、周囲の環境に配慮するように環境アセスメントを実施し、中国の基準に適応した形で計画を策定した。建設費は7400万元（約11億8400万円）である。

即墨市のゴミ回収量は1日380トン程度で、生ゴミは分別・飼料化しているが、その他のゴミは分別していない。処分場の埋立可能量については日量400トンであるが、今後、埋立目標量として日量530トンまで対応可能とみている。埋立面積は16.65万m^2で、容積は379万立方メートル、高さは34mである。

即墨市では具体的な実施計画を策定しているわけではないが、今後、コンポストおよび焼却場の設置を予定している。コンポストの処理量については日量100トンとする計画である。そして焼却場については、焼却量が日量80トンを目標とし、コンポストと焼却を合わせて、日量180トンを処理できるようにする方針である。

処理方法（第11-3図）は、ゴミ運搬後に計量検査を実施した後に埋立が行われる。埋立てられた場所では、有害物質等が飛散しないように黒いゴムで覆い保護する。次の圧縮の工程で散水した水を外部に放流させないために貯水池を隣接し水質の浄化を行うか、蒸発させる。埋立地には酸素を入れるための管

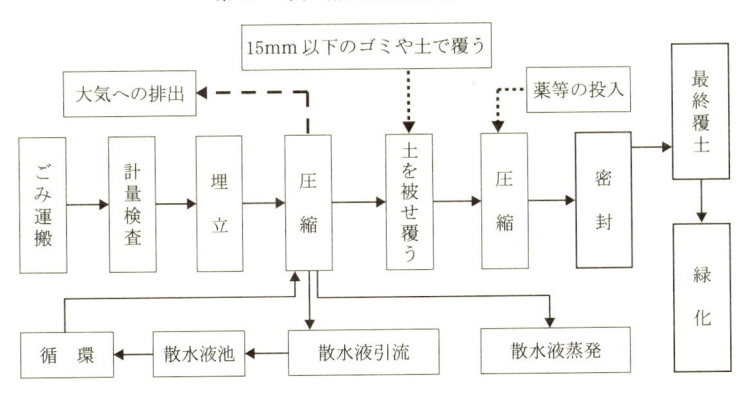

第11-3図　衛生埋立処分場の工程表

（資料）　現地資料より筆者作成。

を挿入しガス抜きを行う。その後ゴミに土を被せて覆い，薬等の投入を行った後に密封し，最後に土で覆うやり方で行っている。

　埋立処分場では，プラスチック系のゴミが多く埋め立てられているが，今後韓国企業によってプラスチック油化を処理する計画が進行している。この計画では，プラスチックのマテリアルリサイクルなどではコスト高となり，中国経済の実情では収支が合わないため，比較的コスト面で安く採算が取れる手法が導入されることになる。

第4節　循環経済の実現に向けた取組の必要性

　第3節では青島市における循環経済の構築に関する都市レベルでの廃棄物管理等の取組について現地調査の結果を中心に考察したが，自治体，研究者，NGOなどが一体となった市民レベルでの環境取組の進展状況は未知数であり，循環経済の実現にはまだ多くの課題が山積しているといえる。
　本節では，青島市の取組事例を踏まえて，中国が循環経済の構築を実現するための政策に立脚した取組から，市民社会を巻き込んだ循環経済／循環型社会に発展させていく上での課題などについて私見を述べる。

1．循環経済に関する考え方の差異

　中国と日本では，循環経済および循環型社会に対する認識が異なっているという点に留意しなければならない。その理由は，中国型の循環経済は生産段階に重点を置いており，生産段階での省エネ，資源の有効利用を重視しているのに対し，日本の循環型社会は消費，消費後のゴミを廃棄する段階を中心に議論が進められてきたからである。現在の中国の大学の研究者等の認識は，その多くが生産段階に重点が置かれており，日本や先進諸国が進めている循環型社会のような考え方や取組への関心や意識は高くないというのが現状であり，先進諸国との認識にミスマッチが生じている。すなわち，中国における循環経済の実現に向けた現在の取組に関し，資源調達，生産，消費，廃棄における物質循環のフローに着目してみた場合に，環境政策の重点はあくまでも「生産段階」

と「物資の供給段階」に軸を置いたものであり，廃棄段階における政策取組には十分な対応が取られていないのである。

　日本において「生産段階」に重点を置いた環境取組が始まったのは1970年代であったが，中国では生産段階を重視する取組は始まったばかりである。したがって，単純に比較することはできないとしても，日本と中国とでは生産段階における環境対応は20年以上の差があるということになり，ゴミなどの廃棄段階の問題解決にはまだ時間が必要である。このような環境問題の取組における中国と日本の過去の経緯の違いを認識した上で，地球規模の環境問題の解決にあたっては国民，企業，地域住民，NPO，行政，そして国家，国際社会が一つの理念のもとに一致協力し，環境への負荷を低減させる必要性を認識した上で循環型社会の実現に向けた取組を進めて行く必要があるだろう。

2．環境問題への市民参加の動向

　中国でNPOとNGOについての定義は，まずNPOの場合，行政の管理下の組織と定義することができる。そしてNGOは，自発的に創られた組織と定義し，NPOとNGOで使い分けされている。しかしながら現在の中国ではNGOのような自発的に活動を行う団体は極めて少ない。青島市において社区（Community）の動向について市政府当局者は，青島市に12から13の街道委員会が存在し，その下に100以上の社区が存在するが，これらの社区の中で生活ゴミの分類に成功したという事例は報告されていないし，環境保護局もそのような情報は把握していないという。

　青島市内で経済水準が低い四方区では，四方区興隆路街道委員会の下に14の社区がある。この地区は住宅家賃が安いことから農村からの出稼ぎ労働者が数多く暮らしている。同地区の住民には，生ゴミやその他のゴミを分別方法に従って捨てるような習慣はない。生活ゴミの分別を試験的に実施したことはあったが，分別に成功したのは電池（バッテリー）のみであった。同街道委員会の指導員に話を聞いたところ，ゴミの分別が進まない理由を以下のように説明している。第1の理由は，同地域の住民の多くは工場で働く出稼ぎ労働者が中心で，出身地の経済水準は低く，十分な教育を受けていないので，指導員等が説明しても分別の意味を理解することはできない。ポイ捨てや不法投棄は日

常的に行なわれている。第2は，ゴミの不法投棄や分別処理をしないことに対する厳しい法律や規則がない，と指摘する。この問題を改善するために指導員等はより厳格な規則を定めるよう市政府に要請している[8]。

　ゴミを分別・処理する方法は，今後も市政府が中心となり強化していくことになる。市政府は市民の参加を得て，循環型社会を実現するために地方法規を制定し，政府，企業，消費者の責任，権利と義務を明確にすることとしている。ゴミ分別回収，再使用，リサイクルなどの循環型社会に対する市民の意識を高めていくとともに，日本や他の先進国が導入している「グリーン購入」や「グリーン消費」を促進し，ゴミの分別，減量化を図るために市民を巻き込んだ体制づくりを進めていく方針を打ち出している。一方，四方区のような貧困地域の現状に目を向けると，日常的にゴミを回収・処理できる体制を整備し，清潔な生活環境を早期に実現することこそが，同地域のような場所で暮らす住民にとって優先度の高い課題となっている。

　ノーベル経済学賞を受賞したアマルティア・センは，「認知（認識）的機能は共同体の構成員が「世界」を認知し，「現実」を理解し，「規範」を受け入れ，「何をなすべきか」を話し合う時のそのやり方に関わるものである」と述べている。したがって中国においても，今後は循環経済，循環型社会の構築という環境目標を達成させる上で，市民社会を巻き込み，専門家と政府関係者，NGO，市民等が共有できる知識ベースのコミュニティの存在が重要な原動力となるであろう。

3．ゴミ削減に向けた青島市の取組

　青島市では，生産・消費・廃棄の段階で様々な取組を実施しているが，その中でも「ゼロエミッション」の手法は重要と位置づけられている。このゼロエミッションの考え方はコストが低く抑えられる上に集中的に処理することができ，汚染等による環境負荷が少なくてすむことから，前述の事例でみたように，青島市では「静脈産業」の集積とリサイクル拠点の建設という壮大なプロジェクトが計画・実施されている。

　一方，生ゴミの回収・処理等の対応，ゴミ減量化を進めるための手段として，例えば環境保護協会，環境保護産業会，青年会等を通じ，レジ袋の使用削

減，電池等の分別収集活動を行うなど地道な活動も始まっている。そして現在の生活ゴミ処理は大部分が埋立処理されているのが現状であるが，今後は試行研究の成果をみて，焼却や堆肥化の取組を行う計画も検討されている。

　現時点では，ゴミの問題に関する中国国内の研究体制は未成熟であり，廃棄物等の制度・政策等に対する地方政府当局および市民の関心は，日本に比べて希薄であるといわざるを得ないが，中国が目指す循環経済は日本や先進国が目指している循環型社会の最終目標である「持続可能な社会」の構築という点では大きな差異はみられない。共通する目標に到達するまでの政策手法や達成期間は異なるにしても，強力なガバナンス体制の構築，社会的規範力の存在，そして市民社会における環境意識の醸成と市民を巻き込んだ政策枠組みの導入が必要であるという点は両国に共通する課題である。

注
 1） 日中韓における循環型社会の形成に向けた協力に関する検討会（2006），『日中韓における循環型社会の形成に向けた協力に関する検討会報告書』10 ページ。
 2） 青島市環境保護局総工程師王軍（2006），「循環経済の理論研究と青島市の実践」より引用。
 3） 2006 青島統計年鑑，中国統計出版社　52 ページ。
 4） JETRO（日本貿易振興機構）青島事務所（2007），「青島市の概況 2007 年 3 月」2 ページ。
 5） JETRO（日本貿易振興機構）青島事務所（2006），「青島市の概況 2006 年 3 月」5・6 ページより試算。
 6） 2006 年 3 月 2 日の青島市環境保護局総工程師王軍氏とのヒアリング調査結果による。
 7） 「中国医薬報」2006 年 8 月 4 日付を引用。※中国医薬報は 1983 年創刊，国家薬品監督管理局が発行。
 8） 2008 年 4 月 21 日，青島市四方区興隆路街道委員会に於いて指導員より意見聴取。

　　　　　　　　　　　　　　　　　　　　　　　　　　　　（青　　正澄）

第 12 章

環境と企業行動

　古くは公害対策にはじまる企業の環境へ取り組みは，この10年で急激に加速した。その理由として，第1に1990年代から，環境問題に関連した法律やガイドラインが多数制定され，それらが強化されつつあることがあげられる。
　第2の要因は，市場において「環境」が企業活動の評価軸として重要視されるようになったことだろう。企業の社会的責任（CSR）として，環境問題に積極的に取組むことが，あらゆるステイクホルダーから期待・要請されるようになってきた。特に，消費者の関心は高く，企業イメージにとどまらず，売上げそのものに直接的な影響を与えるに至っている。また，先進国を中心に，環境や社会問題に積極的に取り組む企業に投資しようというSRI（社会的責任投資）も定着してきている。したがって，環境問題への取組みは，企業業績にプラスの影響を与えるという経営戦略的判断がなされるようになったのである。
　環境問題を経営戦略に組み込んだ経営は，「環境経営」と呼ばれ，さらに現在では「サスティナビリティ（持続可能な）経営」という言葉もうまれている。
　第3に，環境問題があらたなビジネスのシーズを生み出し，「環境ビジネス」という巨大市場が出現したことである。メインは製造業を中心とする第2次産業だが，サービス・流通などの第3次産業にも環境配慮の進展がみられ，第1次産業でもバイオエネルギー資源の供給などに大きな可能性が生まれてきた。環境ビジネスは，非常に広範囲の産業・業種の参画を必要としており，各企業は，このビジネスチャンスを逃すまいとして，急ピッチで環境に関する技術開発，製品・サービス開発，ニーズの開拓に動いている。
　このように，企業は環境への取組みを，対策的取組み（お金にならない）から，経営戦略的取組み（余計なお金を使わない）へ，さらにビジネスとしての

取組み（お金になる）へと発展させているのである。本章では，第1節にこのような変化の経緯と，第2節に環境経営の実践手法について解説し，第3節では環境ビジネスの現在と今後について考える。

　これまで，ブラウン・イシュー（公害，廃棄物など）と，グリーン・イシュー（生物多様性，地球環境問題など）とに分けて考えられてきた「環境問題」であるが，現在では，その2つの間に線を引くことは難しくなってきている。たとえば，有害な排水や排気などの問題（ブラウン・イシュー）は，問題の発生が局地的なものであっても，その影響はやがて地球規模の環境問題（グリーン・イシュー）に及ぶだろう。その意味で，世界各地を拠点として，グローバル（地球規模）に活動する多国籍企業の存在は，環境問題を考える上で無視できない存在である。

　多国籍企業は，いまや世界最大の経済主体である。資金調達から原材料の調達，生産，販売，利益保留を，それぞれ地球上のもっとも効率の良い場所を選び行う。ヒト，モノ，カネ，情報といわれる経営資源を，ボーダレスに動かし，グローバルな効率を求める戦略をとっている。世界市場をグローバルに統合されたものとして戦略的アプローチをとる多国籍企業は，「グローバル企業」とも呼ばれる。地球規模でボーダレスに活動することで，その効率の恩恵をうけるのが多国籍企業である。

　現在，工業化と経済成長のいちじるしいアジア諸国では，さまざまな環境問題が深刻化している。多国籍企業は，それら国々の発展を牽引する存在であり，そして，その「成長」のもたらす莫大な利潤を恩恵として享受している。「成長する市場」をアリーナとしてビジネスを行う者には，成長の痛み，成長の影の部分に対しても，大きな社会的責任があると考えられる。第4節では，多国籍企業の環境責任について考える。

　発展途上国の環境基準，環境規制の整備はいまだ不十分である。そのような発展途上国を操業地としている，外資系企業や多国籍企業のなかには，規制の甘さを逆手にとって環境対策コストを削減しようとするむきもある。しかし，それとは逆に先進国の厳しい環境基準や，進んだ環境対策技術を，自主的かつ積極的に導入しようとしている企業もある。本章では，タイにおける日系多国籍企業の環境対策を事例として紹介したい。

最後に，私たちは，消費者，従業員，地域住民，ときには株主として，企業にかかわっている。企業行動を左右するのは，経営者の意思決定のみではない。広く多様なステイクホルダー（利害関係者）の意思がこれを動かすのである。第5節では，「持続可能な社会」の形成にむけて，企業のステイクホルダーとしての私たちが負う，環境に対する責任について考える。

第1節　環境経営の推進

今日の深刻化する地球環境問題が，産業革命以降の工業化社会と，それを支える企業行動の結果であることは間違いない。「企業」は，これまで（そして今現在も），自然を破壊し，大量の天然資源を消費し，環境汚染物質の主な排出源であった。「大量生産，大量消費，大量廃棄」というサイクルの中心にあって，「企業」は環境問題の「主犯」であるとされてきた。

急激に発展する工業化社会のもとでの旺盛な企業行動は，人びとに生活上の便利さと豊かさをもたらしたが，その反面，人びとの生活環境を悪化させた。60年代〜70年代には（現在の）先進諸国で，煤煙やスモッグ，土壌汚染，水質汚染などが広がり，日本でも四大公害事件をはじめとして，数々の公害問題が発生し，自然が破壊され，多くの人びとの健康を害した。70年代〜80年代には（いわゆる）途上国でも，天然資源の採掘と加工の過程から発生する鉱毒，水銀汚染，ヒ素汚染が広がった。公害問題がここまで悪化した原因は，もちろん，かつては公害対策，エンド・オブ・パイプ[1]の技術が未発達であったことも一因だが，多くの場合，企業が利益優先の姿勢をとり，環境保全のためのコストを惜しんだためであると認識されている。さらに，問題が発生しても，操業との因果関係を認めなかったり，法的な規制ができるまでは操業方法を変えようとしないなど，環境に対する責任に背を向けるような行動も目立っていた。これは，環境対策が，企業にとっては「コスト」であり，資源の最小投入－利潤最大化にのっとる企業行動においては削減対象であって，つまり，「エコロジー」と「エコノミー」はトレードオフの関係[2]であったことに由来する。この段階において，企業の環境への取り組みは，消極的・受動的になら

ざるをえず，法規制への対応型，現象後追い型のものであった。

　80年代になると，いわゆる「地球環境問題」がクローズアップされるようになってきた。地球環境問題（グリーン・イシュー）は，発生源が明確ではなく，その被害が実感・体感されにくいという特徴をもっているものの，被害が発生源の周辺住民にだけにとどまらず，「地球市民の全員」にその災禍が及ぶ。つまり，「誰も他人事ではいられない」のであった。すべての企業と，その経営者，従業員はもちろん，株主，消費者も含めてあらゆるステイクホルダーが，この問題の当事者になったのである。ゴーイングコンサーン（goingconcern，事業継続）を旨とする企業の明日どころか，人類の明日が危うい状況が認識されたのである。

　90年代から企業の環境対策は受動的なものから，能動的なものへと変化していく。その理由の第1には，この時期に新しい環境に関する法律やガイドラインが多数定められたことがあげられる。それまでの環境に関する法規制は，日本では公害対策基本法（1967年）を中心に，①工場排水規制法（1958年）や大気汚染防止法（1968年）など，典型7大公害（大気汚染，水質汚濁，騒音，振動，悪臭，土壌汚染，地盤沈下）対策のための排出に関する規制，②農薬取締法（1948年）や化学物質審査規制法（1973年）などの製造に関する規制，③廃棄物処理法（1970年）をはじめとする廃棄に関する規制が主なものであった。したがって，企業もこれら①～③の「規制」に従うかたちで，環境問題に対応してきた。

　80年代の地球環境問題への関心の高まりと，1992年の地球サミット「リオ宣言」などをうけて，政府は1993年に公害対策基本法にかわって，新たに「環境基本法」を成立，施行させた。環境基本法には④「環境への負荷の少ない，持続的発展が可能な社会の構築」（第4条）が基本理念としてあり，⑤自然環境，地球環境の保全が施策にもりこまれている。このもとで，④に関しては，改正省エネ法（1997年），新エネルギー法（1997年），循環型社会形成促進基本法（2000年）とつづけて，資源有効利用促進法（2000年），グリーン購入法（2000年），各種リサイクル法などが制定された。これらは「規制」ではなく省エネ・リサイクルなどを「促進」するためのものである。つまり，企業は規制を遵守するだけではなく，④，⑤推進のため企業行動を変革し，循

環型社会形成へ一定の役割を果たすことが求められるようになったのである。

　企業の環境への取り組みが変化した理由の第2は,「環境」が企業の評価軸として重要度を増したからである。まず,① 消費者が「エコ」を求めるようになった。「誰も他人事ではいられない」地球環境問題に,いちはやく反応したのが消費者だったのである。省エネ製品,リサイクル原料製品,環境負荷の少ない製品は,「地球にやさしい」ものとして消費者に魅力的なものとなった。環境問題に配慮した企業の製品を,積極的に選択し（価格が高くても）購入しようとするグリーンコンシューマー（緑の消費者　The Greenconsumer）が出現し,その活動は小売業の動向に影響を与えるようにまでなった。「エコ」や「地球にやさしい」は,いまや製品差別化のポイントであり,競争優位の源泉となったのである。企業は積極的にそれら製品の開発に取り組んでいる。さらに,消費者にわかりやすく「エコ」であることを示す「エコマーク」の認定をうけるための企業努力も行われるようになった。

　次に,② 企業の社会的責任（corporate social responsibility CSR）への期待がある。企業のステイクホルダー概念は,これまでの従業員や株主から,消費者,地域,NPO,行政,取引先などさまざまな主体を含むものへ拡大している。したがって,企業に期待されるのも法令の遵守,良い製品・サービスの提供,納税,株主への配当にとどまらず,情報公開や,社会貢献,そして環境保全へと役割も多様化しているのである。それらは「企業の社会的責任」であると認識されるようになり,積極的な取り組みが求められるのである。現在は,企業の環境への取り組みは,CSRの一環として位置づけられている。

　さらに,③ 投資銘柄の選択基準に,企業が社会的責任を果たしているかどうかを考慮する投資手法,社会的責任投資（socially responsible investment SRI）も浸透してきている。投資家がCSRに積極的に取り組む企業に投資をするのは,長期的にみて,そのような企業からは高いリターンを期待できることと,投資を通じて良き社会づくりに貢献するためである。企業の社会的責任には,「環境保全」や「環境リスクの管理」などが含まれ,SRI投資信託のなかでも,特に環境保全に積極的な企業を選定して投資をする株式投資信託は「エコファンド」と呼ばれている。日本でも1999年ごろに誕生し,現在,主なものでも10以上存在している。代表例としては,日興エコファンド（日興ア

セットマネジメント),損保ジャパングリーンオープン・ぶなの森(損保ジャパン),エコ・パートナーズ・みどりの翼(UFJ パートナーズ信託),エコ・バランス・海と空(三井住友海上アセットマネジメント)などがある。

エコファンドは企業行動を,公開されている情報(環境報告書,新聞・雑誌記事)と,独自の取材から判断する。その取材には企業に対するアンケート調査やインタビュー調査があり,90年代後半からは日本の主要な企業には,ある時期になると海外・国内のファンドから環境への取り組みに関するアンケート・質問状が多数届くようになった。評価項目には「環境保全に係る方針が経営戦略の中で明確化されているか」,「環境管理システムが構築されているか」,「製品・サービスにおいて環境配慮が進んでいるか」などが含まれている[3]。このことは,企業と経営者に大きなプレッシャーとなった。エコであることは株価で示される企業価値の増大につながることが,はっきり認識され,取り組みが強化された。

以上の①〜③から,環境問題への取組みは,企業業績にプラスの影響を与えるという経営戦略的判断がなされるようになったのである。環境対策は企業にとっては「コスト」であっても,それ以上の重要なリターンが期待でき,ここに,エコノミーとエコロジーは並存することになった。「環境」を戦略課題に取り入れる経営は「環境経営」とよばれる。

ここ数年で,大企業だけではなく,中小企業にも環境経営が浸透してきている。製造業にあっては,系列の大企業による ISO14001 認定の取得の推進なども,これを後押ししている。

さて,先日,筆者は地方の路線バスに乗った。そのバスには,「エコ・ドライブ」のステッカーが貼られ,運転手は停車のたびにエンジンを切りアイドリングストップを行っていた。その地域には,バス路線は1本しかないので,エコであろうと,なかろうと乗客はそのバスを利用しつづけるだろう。そのバス会社は,NPO や投資ファンドから注文をうけるような大企業でもない。それでもなお,面倒なアイドリングストップを行い,エコであろうとするのは何故なのだろうか。株価,売上げなどに直結しなくても,エコは十分に「価値」あるものなのだ。このことは,今,私たちの社会におこっている価値観の変化を感じさせる。競争,拡大,量といったものから協力,保全,質への価値パラダ

イムの変換である[4]。企業の環境への取り組みを牽引するのは，最終的には，法でも売上げでも株価でもない，私たちの「新しい価値観」ではないだろうか。

第2節　環境経営の実践手法

環境経営は，トップのビジョンにはじまり組織全体へ，調達，製造，研究開発，マーケティング，会計，などのあらゆる領域を環境負荷低減のための活動対象とする。したがって，環境経営の実践手法には多様なものがあるのだが，ここでは3つのカテゴリーに分ける。すなわち，第12-1図に示す(1)環境マネジメントシステム，(2)環境にやさしい製品づくり，(3)環境コミュニケーションである。

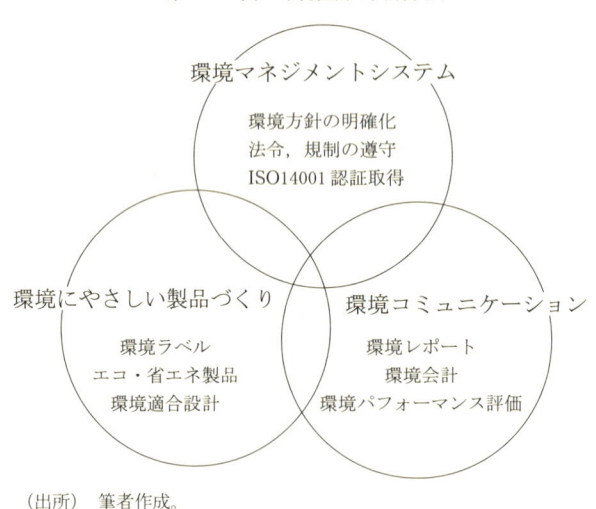

第12-1図　環境経営の実践手法

環境マネジメントシステム
環境方針の明確化
法令，規制の遵守
ISO14001認証取得

環境にやさしい製品づくり
環境ラベル
エコ・省エネ製品
環境適合設計

環境コミュニケーション
環境レポート
環境会計
環境パフォーマンス評価

(出所)　筆者作成。

(1)　環境マネジメントシステムには，たとえば，環境方針の明確化，環境に関する法令やガイドラインを遵守する体制，そしてISO14001（環境ISO）の認証取得などがあげられる。「ISO14001（環境ISO）認証取得」とは，国際標

準化機構 ISO が 1996 年に発行した「ISO14001 環境マネジメントシステム―要求項目及び利用の手引」に要求された事項を組織が満たし，(財) 日本適合性認定協会 (JAB) の認定した審査登録機関によって，それが審査され登録されたことを意味している。つまり，環境マネジメントシステム審査登録制度において「登録された事業者」であることの証明であり，環境に対して適切なマネジメントを行っていることを，外部に実証する手段となっている。ここで注意しなければならないのは，この認証は，企業の環境への取り組みの「結果」を評価するものではないという点である。組織が環境方針を定め，その方針を具現化するために，計画 (Plan)，実施および運用 (Do)，点検および是正措置 (Check)，さらに，経営層による見直し (Action) という一連のプロセスを推進する「しくみ」(マネジメントシステム) が整っていることの証明なのである[5]（第 12 - 2 図参照）。

　ISO14001 の審査登録件数は 2006 年には 2 万 1000 件を超え，世界的に最も多い件数になっている。環境 ISO 認証取得は，大企業にはじまり，その取引先に波及することで，いまや，環境 ISO は業界のパスポートとさえ呼ばれている。しかし，環境活動は本来多様なものである。中小企業や NPO 組織のなかには，ISO14001 が要求するマネジメントシステムが，経費面，人材面でむずかしい場合もある。その場合，ISO14001 以外の選択肢もあるだろう。また，ISO14001 認証取得が環境活動のひとつのゴールとなってしまい，ISO14001 を超えてさらに高いレベルの環境パフォーマンスを目指しにくいという問題もあ

第 12 - 2 図　ISO14001 環境マネジメントシステムのモデル

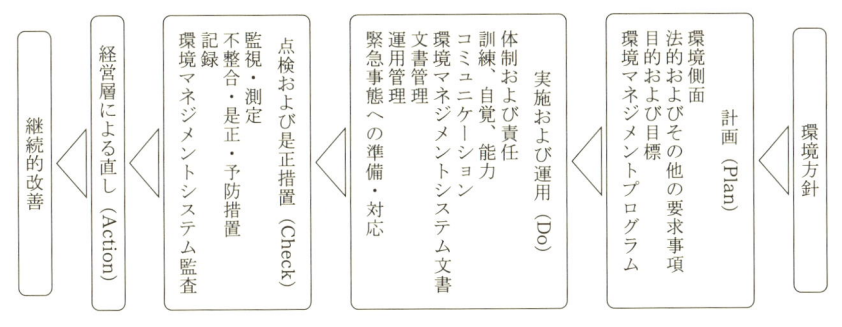

環境方針 → 計画 (Plan)（環境側面／法的およびその他の要求事項／目的および目標／環境マネジメントプログラム）→ 実施および運用 (Do)（体制および責任／訓練，自覚，能力／コミュニケーション／環境マネジメントシステム文書／文書管理／運用管理／緊急事態への準備・対応）→ 点検および是正措置 (Check)（監視・測定／不整合・是正・予防措置／記録／環境マネジメントシステム監査）→ 経営層による見直し (Action) → 継続的改善

(出所)　井熊 (2005)，36 ページ，筆者加筆。

(2) 環境にやさしい製品づくりには，省エネ・エコ製品の開発，環境適合設計の推進があげられる。環境適合設計は DfE (Design for Environment) とも記され，環境に配慮した製品を設計するためのプロセス（手順）を指す。製品には，それを構成するあらゆる素材を作るための原材料の採掘から，素材や部品の製造・組立，使用，および廃棄処分に至る，製品のライフサイクルプロセスが伴う。それらプロセスでの環境負荷を低減させるために，製品の設計段階から環境配慮に取り組むものである[6]。

　そのように設計・開発された製品が市場に投入された時，消費者が環境配慮型の製品を選択する目安となるのが「環境ラベル」である。国際標準化機構 (ISO) では，環境ラベルの運用ルールも定めており，タイプⅠ～Ⅲに分類している。タイプⅠは第三者認証プログラムによる認証で，ISO14020（環境ラベル及び宣言——一般原則），ISO14024（環境ラベル及び宣言—タイプⅠ環境ラベル表示—原則及び手続き）にもとづいている。日本には（財）日本環境協会の「エコマーク」がある。タイプⅠ環境ラベル制度は，世界のおよそ35カ国で実施されており，エコマークを初めとして25以上の国と地域や機関のタイプⅠ環境ラベル運営団体が，GEN (Global Ecolabelling Network・世界エコラベルネットワーク) に参加している[7]。タイプⅡは，自己宣言による環境主張で，製造団体などが独自基準を設けて，それを満たしたものにラベルを貼っている。「省エネ」や「リサイクル可能」などを社内基準によって貼るものもある。タイプⅢは，定量的環境情報開示方式とよばれ，製品の資源採取から廃棄までの環境負荷を，LCA（ライフサイクルアセスメント）の手法で算出した定量化されたデータで表示するものである。データで示された環境情報を，どのように解釈するかは消費者にゆだねられる。第12-3図に，世界のタイプⅠ環境ラベルの例と，日本のタイプⅡ環境ラベルの一例を示す。

　(3) 環境コミュニケーションは，「環境レポート（環境報告書）」の発行など，自社の活動と環境のかかわりについての情報公開が中心となっている。「環境レポート（環境報告書）」は独立して発行される場合もあれば，「CSR報告書」，「サスティナビリティ報告書」などの中に，環境項目として含まれることもある。オランダやデンマークでは，環境報告書の作成は法制化されてい

る。日本では，2001年に環境省より「環境報告書ガイドライン2000年版―環境報告書作成のための手続―」や，経済産業省「ステイクホルダー重視による環境レポーティングガイドライン2001」が示されたのをはじめ，以後も多くのガイドラインがある。企業報告書は，これまでもっぱら投資家を対象としたものであったが，環境レポートは，一般の消費者や，マスメディア，環境活動団体を意識したつくりになっている。ステイクホルダーからの疑問・質問に答え双方向性をもたせたものや，NPO，有識者，研究機関などの「第三者意見」を記載して，信頼性を高める工夫などがされている。このほか，環境CM，エコ・キャンペーン，エコ製品ブランドの確立なども，環境コミュニケーションである。私たちが，特に学習したわけでもないのに，エコ・ドライブや省包装といった習慣や，リサイクル容器に関する知識をもっているのは，企業の環境コミュニケーション活動の結果なのである。

第12-3図　環境ラベルの例

日本
エコマーク

タイ
グリーンマーク

韓国
環境ラベル
プログラム

台湾
グリーンマーク

EU
EUエコラベル

ドイツ
ブルーエンジェル

アメリカ
グリーンシール

グリーンマーク
日本のタイプⅡラベル
グリーンマーク
古紙を再利用している

日本のタイプⅡラベル
牛乳パック再利用マーク

日・米のタイプⅡラベル
国際エネルギースター
省エネOA機器

（資料）　各国環境ラベルサイト，団体サイトより筆者作成。

環境経営の実践手法は(1)〜(3)いずれも,外部のステイクホルダーに対して,環境への取り組みを明示する,プロセスを透明化することが基本となっている。

企業の環境問題に取り組む姿勢には4段階あるという。第1段階は,環境問題を企業PR,広報活動ととらえる段階。第2段階は,自社の工程や操業内容に目を向ける段階。第3段階は,自分たちが作り出す製品が環境破壊を起こしていないかどうか,環境を維持できるような経済のあり方に見合ったものかを点検するようになる段階。第4段階は,環境保護のために,政治に対しても積極的な働きかけを行う段階である[8]。今日の社会では,広告,PRへの利用という表面的な取り組みは通用しなくなっている。第2,第3段階の自己点検,自己改革は,外部ステイクホルダーを強く意識した形で進行しつつある。しかし,外部に対して環境保全を積極的な働きかける段階にまでは到達していない。

第3節　環境ビジネスの創生と発展

地球環境問題の顕在化と,人びとの関心の高まりをうけて,「環境」そのものがビジネスのシーズとなった「環境ビジネス」が誕生した。環境負荷を削減する製品やサービスの提供が,既存事業をこえて,新たなビジネスの一事業分野へと昇華されたのである。環境ビジネスの市場規模は,2000年には29兆9千億円だったものが,2010年には47兆2千億円,2020年には58兆4千億円になると推計され,雇用規模については,2000年には76万9千人だったものが,2010年には111万9千人,2020年には123万6千人になると推計されている（第12-4表参照,なお,産業構造審議会の予測では2010年の環境ビジネス市場規模は67兆円とさらに大きい）。新たなビジネス分野として注目された,ペット産業の市場規模は約1兆円,介護サービス産業の市場規模は約10兆円であるから,この新市場がいかに大きなものであるのかがわかる。現在,自動車産業が約40兆円,建設産業が57兆円であることを考えると,環境ビジネスは将来まちがいなく主要産業の一つに数えられるものになるだろう[9]。

環境ビジネスの事業アイテムは900を越えている。第12-4表によれば，これらは大きくA環境汚染防止に寄与するもの，B環境負荷低減に寄与するもの，C資源有効利用に寄与するものに分けられている。さらにそれらは，I技術・製品を提供するモデルと，IIソフト・サービスを提供するモデルに分けることができる。AのIである大気汚染防止や水質汚濁防止の技術などは，環境ビジネスとしてイメージしやすいだろう。AのIでありIIでもある廃棄物処理とリサイクルに関する分野は，環境ビジネス市場内で最大規模になるだろう。IIでは，エコファンドや，環境広告，環境コンサルティング，環境教育，環境保健なども，広義の環境ビジネスであり（環境誘発型ビジネスともよばれる），今後の発展がみこまれる。

　環境ビジネスに参入する場合には，既存の製品やサービスを環境配慮型にシフトし事業化する場合と，自社の持つコアコンピタンスを生かして，新たに環境配慮型製品やサービスに挑戦する場合がある。現在では，この後者のタイプの「環境ベンチャー」が数多く生まれており，特徴として，なんらかの技術力をもった中小企業が，地域密着型で事業をおこすことが多い。カーシェアリングのサービスや，リサイクル事業，小型の風力発電などは，地域を限定することで比較的小規模からサービスを開始し成功している。今後，環境関連業務が，官から民へシフトすれば，全国の地方自治体の周辺にビジネスチャンスがうまれ，地方の中小ベンチャーが活性化する可能性がおおいにある。

　環境ビジネスは多様なプレーヤーの参加が求められている。もちろん，製造業をはじめとする第二次産業は，環境負荷低減のメインとなるのだが，最近では，第三次産業でも，サービス・流通での環境配慮がみられ，成長が期待される。そしてなにより，農林水産業などの第一次産業は，これまで衣食住の調達が主な役割だったが，これからは，森林資源や廃棄物・未利用バイオマス由来のバイオエネルギー資源の分野であらたな環境ビジネスの創出が望まれる。食料確保や水資源確保という点でも第一次産業のもつ重要性は増すだろう[10]。

　環境ビジネスは，前述のように急成長と巨大市場が期待されるので，大企業にとっては新規事業開拓，イノベーションの推進には格好の場だろう。しかし，それだけではなく，地方や第一次産業といった，これまで停滞していたセグメントを活性化させる可能性も環境ビジネスはひめているのだ。環境ビジネ

スの市場は，世界に広がっており，特に急速な工業化により環境悪化が進んでいる中国，東南アジア諸国では大きなニーズがあるだろう。

　国際的には，新エネルギーをめぐるビジネス競争が激しくなっている。地球温暖化対策として，各国でバイオエタノール燃料が採用されはじめていることは周知の事実である。バイオエタノールの原料となるトウモロコシ，菜種，大麦，大豆などの食用植物のバイオエタノールへの転用も進んでおり，価格は上昇している。トウモロコシの価格は1年で2倍以上。米や小麦の価格もそれにともなって上昇している。日本でもニュースとなったオレンジジュースの一斉値上げは，オレンジ産地で，バイオエタノール原料のサトウキビへの転作が急増し，オレンジ果汁の国際価格が上昇したことによる。

　バイオ燃料の増産が，世界の食料危機を招くのではないかという不安がひろがっている。食料はいまや，核，石油とならんで「第3の武器」とも呼ばれているが，現在，世界の穀物輸出量の75％をアメリカが占め，世界穀物市場の90％はたった6社のアメリカ系多国籍企業によって支配されている。バイオエタノールも燃焼させればCO_2は排出される。しかし，バイオエタノールの原料が植物であるため，その成長過程でCO_2を吸収しているものとして相殺して考え，排出量は理論上ゼロとされている。京都議定書では，バイオエタノールを利用しても二酸化炭素の排出量に数えないのだ。（実際は，大麦，トウモロコシ，サトウキビを生産する，そこからバイオエタノールを作る，エタノールを輸送するなどの過程でCO_2を排出している。）バイオエタノール燃料による排ガスには人体に有害なアルデヒドを含むこと，エネルギー効率が良くても燃費が非常に悪いこと，エタノールを製造する過程で大量の水を使うことなど問題も多くある。つまり，バイオエタノールの環境負荷についてはまだ，未知数。バイオエタノールは，「CO_2排出量にカウントされない」だけで，実際の環境パフォーマンスは問題にされていないのである。

　このような中で，日本企業が目指す方向性としては，消費エネルギーそのものを減らす省エネルギー・低燃費という従来からの取組みが第一。次に，水素・燃料電池，バイオマスなどの高度技術を強化することだろう。将来的に，これらが，国際競争の主力につながることは間違いない。

第12-4表 環境ビジネスの市場規模と雇用規模の現状と将来予測（推計）

環境ビジネス	市場規模（億円）			雇用規模（人）		
	2000年(※)	2010年	2020年	2000年	2010年	2020年
A．環境汚染防止	95,936	179,432	237,064	296,570	460,479	522,201
装置及び汚染防止用資材の製造	20,030	54,606	73,168	27,785	61,501	68,684
1．大気汚染防止用	5,798	31,660	51,694	8,154	39,306	53,579
2．排水処理用	7,297	14,627	14,728	9,607	13,562	9,696
3．廃棄物処理用	6,514	7,037	5,329	8,751	6,676	3,646
4．土壌，水質浄化用（地下水を含む）	95	855	855	124	785	551
5．騒音，振動防止用	94	100	100	168	122	88
6．環境測定，分析，アセスメント用	232	327	462	981	1,050	1,124
7．その他	—	—	—	—	—	—
サービスの提供	39,513	87,841	126,911	238,989	374,439	433,406
8．大気汚染防止	—	—	—	—	—	—
9．排水処理	6,792	7,747	7,747	21,970	25,059	25,059
10．廃棄物処理	29,134	69,981	105,586	202,607	323,059	374,186
11．土壌，水質浄化(地下水を含む)	753	4,973	5,918	1,856	4,218	4,169
12．騒音，振動防止	—	—	—	—	—	—
13．環境に関する研究開発	—	—	—	—	—	—
14．環境に関するエンジニアリング	—	—	—	—	—	—
15．分析，データ収集，測定，アセスメント	2,566	3,280	4,371	10,960	14,068	17,617
16．教育，訓練，情報提供	218	1,341	2,303	1,264	5,548	8,894
17．その他	50	519	987	332	2,487	3,481
建設及び機器の据え付け	36,393	36,985	36,985	29,796	24,539	20,111
18．大気汚染防止設備	625	0	0	817	0	0
19．排水処理設備	34,093	35,837	35,837	27,522	23,732	19,469
20．廃棄物処理施設	490	340	340	501	271	203
21．土壌，水質浄化設備	—	—	—	—	—	—
22．騒音，振動防止設備	1,185	809	809	956	536	439
23．環境測定，分析，アセスメント設備	—	—	—	—	—	—
24．その他	—	—	—	—	—	—
B．環境負荷低減技術及び製品 （装置製造，技術，素材，サービスの提供）	1,742	4,530	6,085	3,108	10,821	13,340
1．環境負荷低減及び省資源型技術，プロセス	83	1,380	2,677	552	6,762	9,667
2．環境負荷低減及び省資源型製品	1,659	3,150	3,408	2,556	4,059	3,673
C．資源有効利用 （装置製造，技術，素材，サービス提供，建設，機器の据え付け）	201,765	288,304	340,613	468,917	648,043	700,898
1．室内空気汚染防止	5,665	4,600	4,600	28,890	23,461	23,461
2．水供給	475	945	1,250	1,040	2,329	2,439
3．再生素材	78,778	87,437	94,039	201,691	211,939	219,061
4．再生可能エネルギー施設	1,634	9,293	9,293	5,799	30,449	28,581
5．省エネルギー及びエネルギー管理	7,274	48,829	78,684	13,061	160,806	231,701
6．持続可能な農業，漁業	—	—	—	—	—	—
7．持続可能な林業	—	—	—	—	—	—
8．自然災害防止	—	—	—	—	—	—
9．エコ・ツーリズム	—	—	—	—	—	—
10．その他	107,940	137,201	152,747	218,436	219,059	195,655
機械・家具等修理	19,612	31,827	31,827	93,512	90,805	66,915
住宅リフォーム・修繕	73,374	89,700	104,542	59,233	59,403	56,794
都市緑化等	14,955	15,674	16,379	65,691	68,851	71,946
総　計	299,444	472,266	583,762	768,595	1,119,343	1,236,439

（注）1：データ未整備のため「—」となっている部分がある。
　　　2：2000年の市場規模については一部年度がそろっていないものがある。
　　　3：市場規模については，単位未満について四捨五入しているため，合計が一致しない場合がある。
（出所）環境省「わが国の環境ビジネスの市場規模及び雇用規模の現状と将来予測についての推計」2003年。

第4節　多国籍企業と環境問題

　多国籍企業は，いまや世界最大の経済主体である。世界の多国籍企業の生産高は約8兆ドルを超え，世界のGDPの5分の1を占める。多国籍企業は20万を超える海外子会社をコントロールし，世界中で7300万人以上を雇用している。世界の製造業部門生産量の40％は多国籍企業によって占められ，特に，自動車は85％，清涼飲料の65％，コンピューターの75％は多国籍企業によって作られている。多国籍企業は，ヒト，モノ，カネ，情報の経営資源を，ボーダレスに動かし，グローバルな効率を求める戦略をとっている。レスター・サロー[11]は，多国籍企業による世界のグローバル化について「地球上でもっともコストの安いところで生産などの事業活動を行い，もっとも高い価格を設定でき，もっとも大きな利益をあげられるところで製品サービスを販売することができることを意味する。コストを最小限に抑え，売上げを最大に伸ばして，利益を最大限に増やす。これこそが資本主義の革新だ。愛国心や感傷などで地球上のどこかにしがみついている必要はない」と述べている。

　今日，環境問題はブラウン・イシュー（公害，廃棄物など）と，グリーン・イシュー（生物多様性，地球環境問題など）の間に線を引くことが難しくなってきている。どの地域の，どの企業が引きおこすブラウン・イシューも，その影響はグリーン・イシューに及ぶ。そして，その災禍は，おおよそグローバル経済の恩恵とは程遠い所にある発展途上国の人びとの上に降りかかる。その意味で，世界各地を拠点として，グローバル（地球規模）に活動する多国籍企業の存在は，環境問題を考える上で非常に重要である。

　現在，工業化と経済成長のいちじるしいアジア諸国では，さまざまな環境問が深刻化している。多国籍企業は，それら国々の発展を牽引する存在であり，そして，成長する市場のもたらす富を享受している。成長する市場をアリーナとしてビジネスを行う者には，成長の痛み，成長の影の部分に対しても，大きな社会的責任があるだろう。

　これまで多国籍企業は，いくつもの公害事件，環境汚染事件を引き起こして

きた。そして現在でも，途上国の天然資源の採掘現場や加工現場において，鉱毒，水銀汚染，ヒ素汚染，重金属汚染などを引き起こしている。多国籍企業のひきおこした事件として最も有名なのは，1984年インド・ボパール化学工場事件だろう。1984年12月2日深夜，インド・ボパールにおいて，米ユニオン・カーバイトの子会社であるユニオン・カーバイト・インド社の貯蔵タンクから，農薬原料であった猛毒化学物質イソシアル酸メチルが大量に漏れ，その毒ガスを吸引した約7000人がその日のうちに死亡，総計では2万2000人以上が死亡し，汚染された土壌や水からは，現在でも健康被害が出続けている。このボパール化学工場事件の原因のひとつに，アメリカ本土よりも劣る不十分な安全管理策を，本社が了承していたことがあげられる[12]。本社工場ではコンピューターモニターで制御されているものが，インドでは人間による監視のみであったり，バルブや計器，安全装置の管理点検も行われていなかった。このような，多国籍企業の本国と操業地とのダブルスタンダード（二重規範）は，しばしば非難の対象となっている。発展途上国の環境基準，環境規制の整備はいまだ不十分である。そのため，現在でも発展途上国を操業地としている，外資系企業や多国籍企業のなかには，規制の甘さを逆手にとって環境対策コストを削減しようとするようなことが行われているのである。中には，先進国向けの輸出品にだけ環境性能の高い部品を用い，途上国国内向けの製品には，数段劣る環境負荷の大きいままの部品を用いるようなことも行われている。

　しかし，それとは逆に先進国の厳しい環境基準や，進んだ環境対策技術を，自主的かつ積極的に導入しようとしている企業もある。以下では，(財)地球・人間環境フォーラムの調査からタイにおける日系多国籍企業の事例を紹介する。

　(1)　ダイキンインダストリーズタイランド（Daikin Industries Thailand Ltd.)[13]は，ダイキン工業が100％出資した現地法人である。住宅用，業務用の空調機（エアコン）を製造販売している。1967年にタイに合弁の販売会社を設立したのち，1990年には生産会社としてダイキンインダストリーズタイランドが設立された。タイ国内での販売用と，日本，アジア，オセアニア，ヨーロッパへの輸出も行っている。ダイキンは，1998年にタイのエアコン業界でははじめてISO14001認証を取得し，エアコンとしてははじめてタイのグ

リーンラベルも取得している。工場の中で，エアコン製造過程・修理過程で放出されるフロンガスの回収をすすめ，ほぼ95％以上という回収率は，日本国内の製造プロセスと同等の高い水準である。

(2) 松田産業タイランド（Matsuda Sangyo Thailand Co., Ltd）[14]は，松田産業が100％出資したタイ現地法人である。プリント基板や半導体部品に含まれる金などの回収・精錬を行っている。半導体部品などは企業機密も多く含まれるため，機密を維持しながら，環境負荷を与えずにリサイクルできる高い技術を持つ処理企業がタイにも求められていた。タイにはそのような処理のできる企業がなく，しかし，日本に送り返すにはバーゼル条約が障壁となる。そこで，日本国内で半導体からの貴金属回収に実績のある松田産業が，2000年に現地子会社を設立した。焼却炉には，粉塵フィルター，酸性ガスを中和するスクラバー，ダイオキシンの発生を防止する急冷塔などの排ガス処理設備をそなえて，日本国内と同様のレベルで環境配慮を行っている。工場用水もすべて再利用し，排水を外に出さないしくみになっている。タイでは，まだまだリサイクルに関する認識が浸透していないため，松田産業タイランドが適正なリサイクルを実行することが，一種の啓蒙につながっている。顧客のみならず，タイ政府からも，対象金属種類を広げて，フルラインを作るように，二次廃棄物が出ないように，タイの廃棄物処理を完全に行えるように，日本の技術をすべて持ってきてほしいと，たびたびの要請をうけている。

大石（1999）は多国籍企業の環境責任を4つあげている。① 地球環境に大きな影響を及ぼす規模の巨大性，② 地球環境保全を達成できる技術の先進性，③ 伝統的公害をもたらした過去への反省，④ トップランナーになることによる競争優位の獲得である。これに加えて，やはり ⑤ 世界（グローバル）効率の恩恵をうけているがゆえの，世界（地球）に対する責任があるのではないだろうか。

多国籍企業は，非常に大きな経済主体であり，天然資源の大量消費者であり，汚染物質の排出源である。多国籍企業は，一つの国家にも相当するほどの規模，経済力をもちながら，国家とはちがって，国境をらくらくと越えて活動することがきる。たとえば，基本的な環境意識，エンド・オブ・パイプの対策

技術，環境マネジメントシステムなど，環境悪化を防ぐために必要最低限のものを，そのネットワークを通じて，地球上の隅々に届けることができるのだ。同時に，世界各地の環境情報，技術情報，取り組みの現状なども，そのネットワークを通じて収集することができる。その意味では，世界規模の環境問題にグローバルに対峙できる，唯一の主体であると言っても過言ではないのである。

第5節　企業とステイクホルダーの環境責任

　日本では2000年「循環型社会形成基本法」が公布され，我々の社会経済活動を，循環型社会へとシフトする方向が示された。循環型社会では，企業の環境責任は，これまで以上に大きくなり，天然資源の採取から製造，流通，リサイクルと廃棄の過程にまで目を配り，社会のなかでの物質循環を促進しなくてはならない。そして，この企業の環境責任の拡大と同時に，環境責任主体も拡大することを認識しなければならない。循環型社会では，企業のみが環境責任主体ではなく，国，地方自治体，消費者を含む，ステイクホルダー全体が環境責任主体となる。企業の社会的責任に加えて，国民の社会的責任（環境責任）にもとづいて，循環型社会はつくられる[15]。

　企業活動は，環境負荷の上になりたっており，自然破壊の当事者，資源の浪費家，環境汚染物質の主な排出源であった。企業は今日の環境悪化の「主犯」であるが，しかし，環境問題を解決できるのもまた，企業なのである。法律や国際的な取り組みの成立には時間がかかる。一方，企業は，市場の求めがあれば，すばやく舵をきることができる。企業のもつ，英知，技術，行動力は，環境問題に有効な手だてを見つけ，その能力は発揮されるだろう。ただし，「市場の求めがあれば」である。企業行動を方向づけるのは，最終的には，市場（消費者）の声である。「地球にやさしくない製品」で世の中をいっぱいにし，環境を悪化させてきたのは，まぎれもなく，私たち自身なのである。循環型社会にむけて，ライフスタイルを変革し，さまざまな場面で環境負荷低減を求めていくことは，私たちの環境責任といえるだろう。

企業の環境への取組みの一部は，環境ビジネスという形で発展している。市場ニーズをうけて，環境ビジネスは今後ますます拡大するだろう。しかし，環境ビジネスの拡大は環境負荷の低減・環境保全とイコールではないことに注意したい（環境ビジネス拡大≠地球にやさしい活動の拡大）。たとえば，リサイクルビジネスの拡大は，廃棄物の総量が減少することを意味するものではない。排出権ビジネスの取引量が増えたとしても，二酸化炭素排出量それ自体が減少しているわけではない。エコカー，エコ商品の販売量が増えることもまた，資源やエネルギーの消費量を抑制することには結びつかない。環境ビジネスが拡大することは，あくまでも「環境関連市場」が拡大することであって，それに比例して地球環境が改善されるものではないのだ。今後は「環境」が錦の御旗となって，環境対応のさまざまな商品，サービスが市場に出回るだろう。そのなかから，本当のエコ，真に地球にやさしい活動を見きわめる力が消費者には必要になるだろう。環境負荷を低減させるためには，私たちの社会全体の省エネルギーやダウンサイジングが求められており，究極的には，資源やエネルギーを使わないこと以上のエコはない。大量消費を改めて知足（足るを知る）社会へシフトすることが求められているのではないだろうか。

注
1) 工場の排水口や煙突。有害物質が外部環境に排出されないように対策を講ずるべきポイント。
2) 柿崎洋一（2004），269ページ。
3) 井熊均（2005），24ページ。
4) E. Callenbach（1990），日本版『エコロジカル・マネジメント』57ページ。
5) 井熊均（2005），34ページ。
6) （社）産業環境管理協会，環境適合設計（DfE）「DfE Support」http://www.dfe-portal.jp/DfESupport/no-1.php（2007年9月アクセス）
7) 財団法人日本環境協会 http://www.jeas.or.jp/（2007年9月アクセス）
8) E. Callenbach（1990）日本版『エコロジカル・マネジメント』198ページ，ワールドウォッチ研究所のレスター・ブラウンによる分類。
9) エコビジネスネットワーク（2005），13ページ。
10) エコビジネスネットワーク（2005），20ページ。
11) Lester C. Thurow（1996），『資本主義の未来』TBSブリタニカ。
12) 足立辰雄（2006），35-42ページ。
13) （財）地球・人間環境フォーラム（2005），29ページ。
14) （財）地球・人間環境フォーラム（2005），32ページ。
15) 柿崎洋一（2004），278ページ。

参考文献

足立辰雄 (2006),『環境経営を学ぶ―その理論と管理システム』日科技連.
磯貝記者 (1998),「深刻化するアジアの公害問題」『国際開発ジャーナル』No.494.
井熊均 (2005),『企業のための環境問題 (第 2 版)』東洋経済新報社.
エコビジネスネットワーク編 (2005),『新地球環境ビジネス,2005-2006 市場構造と市場ニーズ』産学社.
大石芳裕 (1999),「グリーンマーケティング」安室憲一編『地球環境時代の国際経営』白桃書房.
柿崎洋一 (2004),「環境経営論」齊藤毅憲・藁谷友紀・相原章編著『経営学のフロンティア』学文社.
(財) 地球・人間環境フォーラム (2005),「開発途上地域における企業の社会的責任 CSR in Asia」『平成 16 年度 我が国 ODA 及び民間海外事業における環境社会配慮強化調査業務』.
鈴木幸毅ほか (2001),『環境経営学 地球環境問題と各国・企業の環境対応』税務経理協会.
竹田志郎 (2003),『新・国際経営』文眞堂.
都留重人 (1977),『世界の公害地図 (上・下)』岩波新書.
西平重喜ほか編 (1997),「発展途上国の環境意識―中国,タイの事例」『開発と環境シリーズ (8)』アジア経済研究所.
吉澤正 (2005),『ISO14000 入門 (第 2 版)』日本経済新聞社.
Asian Development Bank (1995), *Critical Issues in Asian Development*, Oxford University Press.
E. Callenbach (1990), *The Elmwood Guide to Eco-Auditing and Ecologically Conscious Management*, The Elmwood Institute, Berkeley California.(『エコロジカル・マネジメント』ダイヤモンド社,1992 年.)

(木村　有里)

索　引

英文

3 by 5 戦略　108
3 R イニシアティブ　182
3 R 行動計画　144
COP 13　70
COP 3　59, 66
FTA　118
G 8 サミット　69
GATT　88, 109
　——第 20 条　80
　——20 条 (b) 及び (g)　89
HAART　105, 107
HIV/AIDS　106
IPCC（気候変動に関する政府間パネル）　21, 62, 64
　——第 4 次評価報告書　71
MEAs　80
NGO（非政府間組織）　72, 113, 199
NPO　199
PPMs　84, 90
SPS 協定　82
TBT 協定　84
TRIPS 協定　105, 110
WHO　119
WTO　88, 109

ア行

アメリカ型グローバリゼーション　11, 14
一般廃棄物　128
遺伝子組み換え食品　83
宇宙船地球号　56
美しい星 50　70
エコファンド　206
エコマーク　206, 210
エコロジカル・フットプリント　31, 38
エネルギー消費量　44
エンド・オブ・パイプ　204
オルター・グローバリゼーション運動　18
温室効果ガス　59, 65

カ行

外部不経済　140
拡大生産者責任　136
家族計画　52
カルタヘナ議定書　80, 83
環境
　——ISO　208
　——基本法　205
　——クズネッツ曲線　6, 38, 62
　——経営　208
　——コミュニケーション　208
　——収容力　43
　——抵抗　44
　——適合設計　210
　——配慮設計　136
　——ビジネス　212
　——負荷　219
　——マネジメントシステム　208
　——ラベリング　84
　——ラベル　210
　——レポート　210
感染症　107
企業の社会的責任（CSR）　202, 206
偽装された保護主義　81, 86
キャップ＆トレード　73
強制実施権　112
「共通だが差異ある責任」の原則　67
京都議定書　29, 59, 66
　——目標達成計画　72
京都メカニズム　59, 67
グリーン・イシュー　203, 216
クリーン開発メカニズム　59, 67
グリーン購入　200

索　引　223

グリーンコンシューマー　206
グリーン消費　200
グローバリゼーション　12
グローバル・ガバナンス　15
グローバル変容主義派　16
経路依存性　11
検疫措置　82
抗HIV薬　107
　　──多剤併用療法　105
公害問題　204
公共財　15, 56
合計特殊出生率　50
厚生経済学第一命題　28, 39
後発医薬品　111, 120
国際標準化機構（ISO）　210
国連環境開発会議　66, 81
国家中心主義・保護主義派　18
国境なき医師団　120
コピー医薬品　110
ごみ有料化　138

サ行

最恵国待遇　110
最終処分場　132
再使用（リユース）　133
再生産可能資源　31, 98
再生資源　139, 145, 150
再生産不可能資源　31
再生利用（リサイクル）　133
産業革命　45, 65
産業廃棄物　132, 145
資源多消費型成長モデル　22
自主行動計画　73
持続可能性　28, 31
十一・五計画　188
循環
　　──型社会　145, 182, 219
　　──基本法　135
　　──経済　183, 198
　　──資源　139
　　──網　179
省エネ　191
小康社会　183
情報の非対称性　132, 134

食の安全　86
人為環境　43
人口転換　49
人口密度　50
人口問題　47
新古典派経済学　7
新自由主義　7
　　──的グローバリゼーション　14
　　──派　14
スクラップ　176
ステイクホルダー　206, 219
スモール・イズ・ビューティフル　29
スリー・セクター・フレームワーク　22
生活ゴミ　194
生態系　44
成長の限界　29, 57
成長パラダイム　12
制度改革派　15
世界社会フォーラム　19
セクター別アプローチ　72
世代間衡平性　35

タ行

第2選択薬　109
多国間環境協定　80
多国籍企業　19, 216
炭素税　73
地球温暖化　59, 64
地球環境問題　4, 205
地球サミット　66
知足経済　39
知的所有権　110, 114
沈黙の春　29, 56
定常経済　36
低炭素社会　74
電子ゴミ（E-Waste）　178
洞爺湖サミット　74
特許権　120
ドーハ宣言　113
ドーハ・ラウンド　80

ナ行

内国民待遇　110
ナチュラル・ステップ　30

ハ行

バイオエタノール　214
廃棄物処理　128
排出権取引　69
　——制度　73
バーゼル条約　80, 139
発生抑制（リデュース）　133, 135
パネル（紛争処理小委員会）　83, 90, 102
バリ行動計画　70
反グローバリゼーション運動　18
貧困問題　5
不可能性定理　35
不都合な真実　69
不法投棄　131
ブラウン・イシュー　203, 216
ブルントラント委員会　57
　——報告　29
プレッジ＆レビュー方式　72
分配の正義　35
並行輸入　112
ポスト京都議定書　68
ポーター仮説　58
ボトル to ボトル　162

ホルモン牛肉紛争　82

マ行

マイナス入札　164
マニフェスト　134
モントリオール議定書　59, 80

ヤ行

有害廃棄物　139
有限天然資源　90
予防原則　81

ラ行

ラディカル派　18
リオ宣言　29, 81, 205
リサイクル　137, 162
　——法　139
　——貿易　152
リベラル国際主義派　14

ワ行

ワシントン・コンセンサス　10, 14
ワシントン条約　80

執筆者紹介
(執筆順)

菅原　秀幸	北海学園大学経営学部教授	第1章
吉竹　広次	共立女子大学国際学部教授	第2章
高坂　宏一	杏林大学総合政策学部教授	第3章
小野田欣也	杏林大学総合政策学部教授	第4章
馬田　啓一	杏林大学総合政策学部教授	第5,6章
佐竹　正夫	東北大学大学院環境科学研究科教授	第7章
北島　勉	杏林大学総合政策学部准教授	第8章
斉藤　崇	杏林大学総合政策学部専任講師	第9章
青木　健	杏林大学大学院国際協力研究科客員教授	第10章
青　正澄	名古屋大学大学院環境学研究科教授	第11章
木村　有里	杏林大学総合政策学部専任講師	第12章

編著者紹介

青木　　健（あおき　たけし）
　　1941 年　　東京生まれ
　　1966 年　　早稲田大学第一政治経済学部卒業，経済学博士
　　現　在　　杏林大学大学院国際協力研究科客員教授
　　専　攻　　アジア経済論，開発経済学
　　主　著　　『アジア経済　持続的成長の道』日本評論社，2000 年
　　　　　　　『AFTA（ASEAN 自由貿易地域）』ジェトロ，2001 年
　　　　　　　『政策提言・日本の対アジア経済政策』日本評論社，2004 年（共編著）
　　　　　　　『変貌する太平洋成長のトライアングル』日本評論社，2005 年
　　　　　　　『貿易からみる「アジアのなかの日本」』日本経済評論社，2006 年

馬田　啓一（うまだ　けいいち）
　　1949 年　　東京生まれ
　　1979 年　　慶応義塾大学大学院経済学研究科博士課程修了
　　現　在　　杏林大学総合政策学部教授
　　専　攻　　国際経済学
　　主　著　　『日本の新通商戦略』文眞堂，2005 年（共編著）
　　　　　　　『新興国の FTA と日本企業』ジェトロ，2005 年（共編著）
　　　　　　　『日米経済関係論』勁草書房，2006 年（共編著）
　　　　　　　『国際経済関係論』文眞堂，2007 年（共編著）
　　　　　　　『検証・東アジアの地域主義と日本』文眞堂，2008 年（共編著）

貿易・開発と環境問題
―国際環境政策の焦点―

2008 年 9 月 20 日　第 1 版第 1 刷発行　　　　　　　　　　　検印省略

　　　　　　　　編著者　　青　木　　　健
　　　　　　　　　　　　　馬　田　啓　一

　　　　　　　　発行者　　前　野　　　弘

　　　　　　　　発行所　　株式会社　文　眞　堂
　　　　　　　　　　　　　東京都新宿区早稲田鶴巻町 533
　　　　　　　　　　　　　電話 03（3202）8480
　　　　　　　　　　　　　FAX 03（3203）2638
　　　　　　　　　　　　　http://www.bunshin-do.co.jp
　　　　　　　　　　　　　郵便番号(162-0041)振替00120-2-96437

印刷・モリモト印刷　　製本・イマキ製本所
© 2008
定価はカバー裏に表示してあります
ISBN978-4-8309-4627-1　C3033